連鎖經營管理範例書

適用商業與管理群－多元選修及彈性課程

作者序

2012 年接受 ERP 學會邀約，撰寫專供高職生使用的 ERP 教材，當時對於筆者而言，同時挑戰 2 個未知的領域：ERP、高中職，當下心中忐忑不安卻滿臉自信地接下邀約，俗語說：「頭過身就過」，10 年了，也寫出了一系列的教材：

- ERP 企業規劃、電子商務、市場行銷、全球物流、IOT 物聯網智慧商務

由於一開始書籍的使用對象就設定為「高中職」，因此寫作過程就是以「說故事」、「講案例」為主軸，完全脫離傳統書籍的「綱要」，我不是一個學者，不必謹守教材內容的嚴謹性，但自命為說書人的我，就為寫書定下 2 個目標：

- 協助老師們上課時可以輕鬆的說書
- 藉由書中的故事、案例讓學生們對商業課程產生興趣

有許多老師問我，你的書只適合在高中職使用嗎？我想問：「目前的大學生不需要更為輕鬆、活潑的教材嗎？」，案例討論內容的教材當然適用於大學，甚至於 EMBA 課程，差別在於授課教師引導學生進行討論的程度。

2021 年 11 月再度接受邀約新主題：「連鎖加盟」教師研習，10 年來我始終相信，Google 就是最好的老師，當一個說書者的任務就是：

- 大量閱讀：雜誌、網路新聞、網路評論、財經論壇、科技新知、…
- 收集：資料、案例、故事
- 將資料融入個人生活經驗中，並轉化為一張張的投影片
  資料→主題→圖片、影片→投影片

經過 8 個月的努力，這本書終於到了發行的最後階段，校稿的過程中，我再一次仔細閱讀、回味每一頁的故事、案例，心中澎湃之餘，更想與所有老師分享！

全國的教師若對於我開發的教材有興趣，歡迎隨時與我聯繫：

本書教學投影片下載：
https://gogo123.com.tw/?page_id=12576

- Web：www.gogo123.com.tw
- E-mail：wklin5027@gmail.com
- Line：0938013200 (電話同號)

接受全國各地、各級學校、各系科教師研習邀約！完全免費！

林文恭

2022/7/19

於 知識分享數位教學網站

目錄

連鎖經營管理範例書

GoGo123數位教學網
林文恭

　　通路是所有成長企業必爭的版圖，正所謂「通路為王」，所有的產品、服務都必須藉由通路流向市場，隨著交通便利，消費者移動的範圍擴大，所有通路業者也由地區經營擴展至全國經營甚至於全球經營，通路擴展的過程中，連鎖經營的模式逐漸演化為成熟有效率的商業模式，它具有以下 2 個特性：

1. 可獨立試驗
2. 成功模式可以大量複製

大型企業在經濟規模的優勢下，產生了「大者恆大」的發展趨勢，個人創業在資金的限制下，整合性的策略工具：行銷、研發、物流…，都是可望而不可及的，小企業與大企業的競爭就如螳臂擋車，成功者如鳳毛麟角，因此多數人選擇進入企業成為員工。

但在實體通路快速展店的過程中卻發現：缺乏經營人才、缺乏資金，因此一種新的商業模式：連鎖加盟便演化出來：

⊙ 單店→多店：企業擴張
⊙ 多店→連鎖：企業內資源整合
⊙ 連鎖→加盟：市場資源整合

加盟模式提供個人創業者成功的商業模式，更提供企業無窮盡的人才，降低快速展店的風險，是一個 Win-Win 的模式，因此在各個產業間遍地開花。

連鎖加盟概説

話說三國：曹操發兵討伐東吳，北方內陸士兵不耐船舶顛暈，因此採取鐵鎖連環船的策略，大幅降低個別船隻的顛簸…，解決士兵暈船的問題。

單一店家資源有限，對於市場劇烈變化的承受能力不佳，因此單店經營風險極大，若能多店共同經營彼此支援，保守來說：各店能大幅提升市場應對能力，就如同鐵鎖連環船的原理一般，積極效益：透過資源整合可提升經營效率。

多店連鎖不能光是用嘴巴講道義、歃血為盟，現代企業經營講究的是「合約」精神，萬事都是黑紙白字寫下來，權利、義務一一詳實訂立，讓加盟者有所依循。

連鎖加盟後，一堆小店組成一個大型企業，資源整合的結果，行銷、物流、標準化作業、…，原本受限於企業規模的活動，全部變成具體可行，但每一件事情都有 2 個面向，話說三國的結局是：「火燒連環船」，企業一旦連鎖經營後，一損俱損，企業總部一旦運作失靈，所有加盟店家全部遭殃，甚至某一家加盟店出現問題時，若總部公關應變能力不足，都可能產生連鎖反應。

慎記：水可載舟，亦可覆舟，凡事都有利弊，創業者應充分了解風險，並積極管理風險，而不是因為害怕風險而躊躇不前！

連鎖經營起源

美國紐約1859

台灣1984

單店
Single Store

多店
Mulit Store

連鎖店
Chain Store

全球最早的連鎖加盟商業模式起源於 1859 年的紐約，台灣早期較具規模的連鎖加盟品牌應該是以 1984 年進入台灣市場的麥當勞。

有人或許會說，麥當勞進入之前台灣就有許多連鎖企業，例如：生生皮鞋、天仁茗茶、…，但筆者認為這些企業的經營模式只是由單店擴展至多店，單純是因為生意好而在全省開店，仍然是家族式經營，每一個叔、嬸、弟、兄各自管理一家店面，除了品牌名稱與供貨來源相同之外，看不出連鎖的具體作為，更談不上具備加盟的可能性，是一種肥水不落外人田的傳統經營觀念。

商業上有一句實踐性很高的俚語：「富不過三代」，大多指的是：第一代冒險創業，第二代刻苦守成，第三代顧預匪類，因此企業經營無法永續，這樣的說法只是描述了事實的結果，具體的原因呢？

連鎖經營就是大家抱團，既然是團體就必須有規範，在家族式經營下更強調年紀與輩份，儘管有規範，但多半還是因人設事、因循苟且，因此當組織規模越來越大時，企業就變成一隻行動緩慢的大象，內部管理：貪污舞弊，外部營銷：不思進取，最後自然把大好的市場拱手讓給了新創企業。

傳統企業的轉型

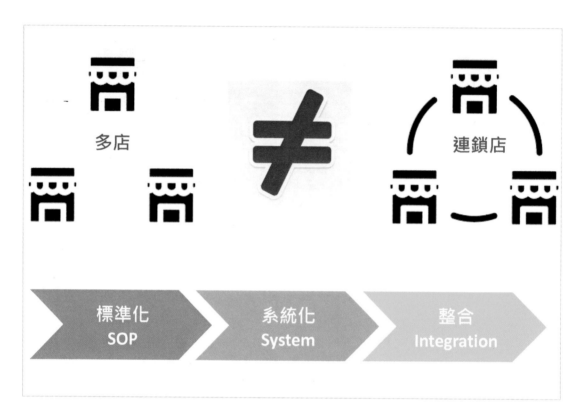

多店經營與連鎖經營最大的差異在於 3 個進程：

標準化	所有事情都有一致的標準 相同的招牌、員工制服、單據、薪資規範
系統化	總公司與各分店的分工規範 總公司負責銷售之外的整體營運，各店負責銷售，各店對總部提出需求，總部支援各單店日常運作。
整合	集團各單位的資源分享 集團整合所有資源，投注於：產品開發、市場行銷、人才培訓、物流配送、…，並將資源整合的效益提供給分店，例如： A. 共同進貨降低成本 B. 共同促銷降低費用 C. 共同研發提升產品競爭力 D. 人才培訓提升經營品質 E. 銷售資料整合提升市場變化的敏感度 F. 經營體質良性循環下：外部資金不斷投入，人才升遷暢通無阻

連鎖加盟發展史

連鎖加盟的發展可分為以下 4 個世代：

傳統	單純的品牌、商品授權，加盟方可完全獨立經營，目前本土企業的汎德汽車就是典型代表：BMW 汽車台灣總代理。
現代	企業總部提供經營完整方案，加盟方只需提供單店開店資金，並負責單店經營即可，企業總部獲得加盟金收入及單店日常營運毛利分成，是個人創業降低營運風險的不錯選擇。
新式	隨者科技創新日新月異，同業整合、異業整合、上下游整合、線上線下整合、…，善用科技工具讓一切合作成為可能。 例如：Uber 透過網路服務平台，整合消費者、平台業者、金融業者、獨立計程車業者。
國際化	由於全球分工的產業模式成形，供應鏈整合極為迅速，各大企業紛紛在全球擴張事業版圖，更由於資本大型化，產業間展開國際併購、策略結盟、海外授權等多樣貌的全球連鎖商業模式，在地球村的概念下，全球各大城市的文化差異逐漸淡化了，麥當勞、可口可樂、好市多、TOYOTA、…，這些國際品牌填滿了我們生活的每一個空間。

連鎖加盟 vs. 經濟發展

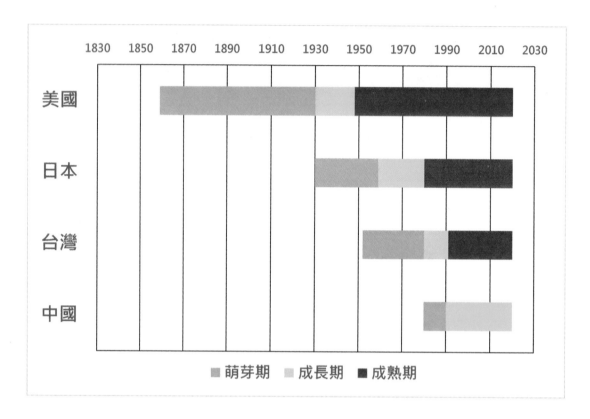

上圖以我們最熟悉的 4 個國家做比較，連鎖加盟起源於美國，而中國是最晚發展連鎖加盟的國家，這跟商業環境的成熟有絕對的關係，而商業環境的發展與國民所得更是息息相關。

美國得天獨厚，第一、第二次世界大戰都沒有發生在美國本土，工業基礎深厚、商業發達，是全球最大的經濟體，國民平均所得也名列前茅，自由的經濟政策提供創新商業模式的最佳環境，而日本受惠於韓戰（1950）、越戰（1960）的戰後重建，由於本身工業基礎雄厚，在美國的扶植下經濟快速發展，更一度企圖超越美國，筆者年輕時有一本書暢銷全球「Japan as No.1」（1979），以 TOYOTA 為首的日本企業橫行全球，日式管理更是成為顯學，可見日本國力的強盛，台灣在放棄反攻大陸後，由蔣經國總統發起十大建設後，工商業蓬勃發展，自 1960 年代末至 1990 年代期間，台灣被國際列為亞洲四小龍之首，而中國在鄧小平總書記的領導下，由 1978 年開始為期 40 幾年的改革開放，從此中國成為世界工廠，習近平總書記上任後更喊出大國崛起，中國已成為僅次於美國，全球第二大經濟體。

連鎖加盟是一種不斷蛻變的創新商業模式，隨著國民所得增加、經濟、科技、法令的進步，產業競爭不斷加劇，透過連鎖加盟資源整合所提供效益，成為企業存活的解決方案。

 台灣連鎖先驅廠商

GDP	代表廠商1	代表廠商2	代表廠商3
萌芽期 $ 2k以下	雞成莊莊	寶島鐘錶	三商百貨
適應期 $ 2k ~ 3k	7-ELEVEN	信義房屋	喬登美語 Jordan's Language School
成長期 $ 3k ~ 9k	M	巨匠電腦	MATSUSEI 松青超市
成熟期 $ 10k以上	博登藥局 連鎖體系 National Healthcare Centers	85°C Daily Cafe	Holiday KTV 好樂迪

國民所得低的時候，國家發展以製造業為主，首先滿足生活基本需求，再來就是出口創匯，商業經營模式相對單純，就是小店→大店→家族式分店，這就是人均 GDP 美金 2K 以下的時期。

開工廠賺了錢解決溫飽問題後，消費者開始注意商品及服務的品質，此時國外品牌、外國的商業模式開始進入台灣，由於文化、消費習慣的差異，外國品牌都必須經過一段很長的調整期，進行本土化改造，以 7-11 為例，美國地大人稀，台灣地小人稠，美國式的便利商店，到了台灣是一點都不便利，這就是人均 GDP 美金 2~3K 的時期。

當 Made in Taiwan 享譽全球時，一部分人已經富起來了，奢侈消費、補習教育開始成為風尚，麥當勞在台北開出第一家店，登上報紙頭版，美國的平民食品到了台灣變成高級餐點，這就是人均 GDP 美金 3~9K 的時期。

錢多了就開始注意健康，不愁吃穿就注重休閒，此時全民富起來了，到處都是咖啡廳、藥房、銀行、娛樂場所，這就是人均 GDP 美金 10K 以上的時期。

2021 年台灣人均 GDP 已達美金 32.8K，各式各樣的商業創新被引入台灣，台灣的消費者也熱烈回應市場的變化，但不合時宜的法令成為進步的最大障礙，政府效能面臨重大考驗。

連鎖加盟相關法規

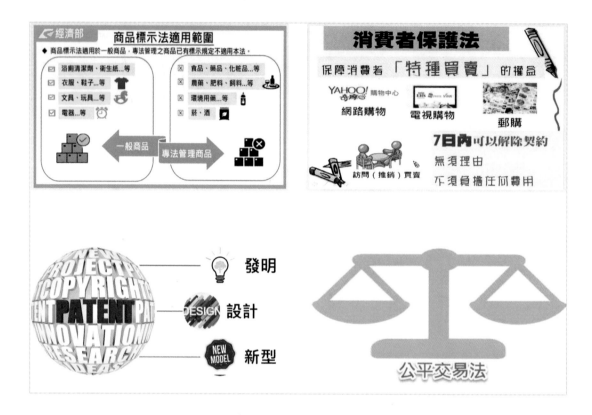

創新商務模式發展的最大障礙在於不合時宜的舊法規，以 UBER 進入台灣市場為例：新的商業模式違反台灣計程車管理法規，UBER 在台灣的經營就如同一般計程車，完全喪失創新價值。

美國在無人車駕駛的技術研發獨步全球，根本原因在各州政府鼓勵創新，因此開放無人駕駛的試駕，若無法令支持，無人駕駛車一開上路便是違法，如何能夠進行實地測試。

同樣的，連鎖加盟進入台灣初期，也引發許多的商業糾紛，立法院也不斷修正相關法令，以健全商業經營環境，目前與連鎖加盟相關的法令有：商標法、商品標示法、專利權、公平交易法、消費者保護法、…。

以近期修正的「商品標法 – 果蔬汁」為例：

1. 果蔬汁總含量達 10% 以上者，需標示原汁含有率；且始得以果蔬汁為品名，若為綜合果汁，需於品名或包裝正面明顯處揭露該產品為綜合之意義。

2. 果蔬汁總含量未達 10% 者，應於外包裝正面處顯著標示「果 (蔬) 汁含量未達 10%」，或直接標示原汁含有率。

3. 未含果蔬汁者，應於產品外包裝正面顯著處標示「無果蔬汁」；如品名含果蔬名稱，應於品名中標示口味、風味等字樣。

連鎖的好處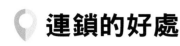

A：「三個和尚沒水喝」、B：「團結力量大」都是至理名言，如果一群人中每一個人都有私心，又缺乏領導，結果就是：A；反之，在英明領導之下，所有人向共同目標邁進，那結果就是：B。

企業總部獲得加盟主的：簽約金、營業分紅，統籌辦理整體性業務，例如：人員培訓、商品開發、行銷推廣、物流配送、標準化作業、財務報稅、……，這些整合性作業若放到每一家店單獨實施，都無法達到經濟效益。

日常營運效益如下：

》 單店進貨量低，無力與供貨商議價，整合所有進貨作業勢必獲得較優進價。

》 行銷推廣費用大，單店無力負荷，由總部整合各分店將可大幅降低費用。

積極發展效益如下：

》 企業整合：倉儲→物流→配送，在 O2O 虛實整合的營運下，高效率與低成本的物流成為企業競爭的基本工具。

》 商品陳設、動線規劃、新設備導入、……，這些具有實驗性質的作業，都可利用直營店作為試驗點，經改良成熟後再推廣至所有營業點，可大幅降低經營風險。

📍 連鎖經營：4 大要件

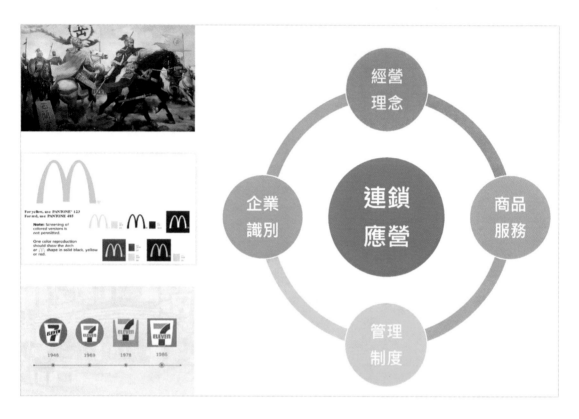

如何讓一群不相干的個體組合為一個整合的團體呢？連鎖經營牽涉到 4 個不同的層面：

企業識別	對外一致的表象，例如：公司名稱、LOGO、招牌、制服、…，這是一種品牌的代表，古時候軍隊、鏢局所用的旗幟，就是企業識別的應用。
經營理念	對內共同的目標，麥當勞的：「顧客至上，顧客永遠第一」，企業 SLOGAN：「麥當勞都是為你」，經過口語化的設計及輕快的曲調，在廣告中唱出企業理念，堪稱是廣告的經典案例。
商品服務	面對客戶一致的準則，麥當勞所倡導的是：質量（Quality）、服務（Service）、清潔（Clean）和價值（Value），即 QSC & V 原則，讓客戶實實在在感受到高品質的服務。
管理制度	員工訓練一致的要求，麥當勞公司的 TLC 運動： • T（Tender 細心）：細心地為每一個顧客服務，不忽視任何一個細微環節。 • L（Loving 愛心）：不僅注重賺取利潤，同時還關注社會公益事業。 • C（Care 關心）：對待特殊顧客，使他們像正常人一樣愉快地享受用餐的樂趣。

加盟

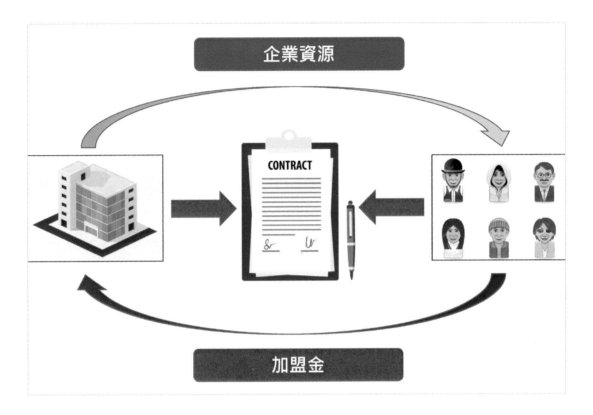

連鎖經營必須經過「結盟」的過程，主體分為 2 方：

> 企業總部：結盟的發起者，建立商業主體、提供商品服務，制定加盟規範。
> 加盟主：擁有經營意願、人力、資金的個體。

雙方簽訂合約，合約內容規範彼此的「權利」、「義務」，最典型的就是企業總部提供品牌供加盟主開店使用，而加盟主付出加盟金給企業總部，隨著商業競爭日益加劇，結盟的形式產生多元化的發展，「權利」、「義務」的內容也不斷演進。

後續我們會做進一步的介紹。

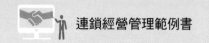

連鎖經營：合約分類

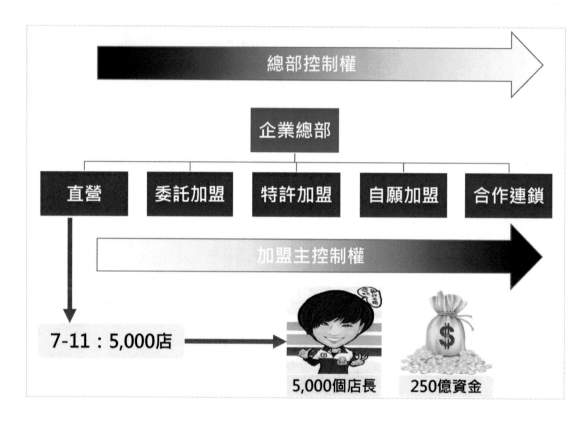

連鎖經營按照合約的內容大致可分為以下 5 類：

直營	所有權、經營權都歸屬於企業總部，相當於企業內的一個營利部門，企業總部完全掌控經營權是此模式優點，但資金積壓與營運風險是本模式的最大缺點。
委託加盟	企業總部建立直營店一段時間後，鼓勵企業內培養的店長接手經營成為加盟主，是一種鼓勵內部員工創業的模式，優點：企業理念一致，忠誠度較高。
特許加盟	一般加盟主接受企業培訓，並通過審核後成為加盟主，企業總部會提供完整的經營方案，加盟主只享有若干的經營自主權，利潤必須與企業總部分享。
自願加盟	加盟主可以獲得全部大多數的利潤而不需與總部分享，也無百分之百的義務需聽從總部的指示，最大的問題是各店的經營品質難以管控。
合作連鎖	由性質相同的零售商，共同合作經營，會產生一個總部，總部的工作主要在於負責統一採購及廣告促銷活動，一般會由批發商來成立企業總部，零售商成為加盟主。

連鎖經營：標的物分類

連鎖經營按照授權內容的差異，可分為以下 2 類：

商品商標	企業總部只提供：商品、商標，加盟企業可享有完全的經營權，經營的成果也不需要與企業總部分享，例如：取得 BMW 汽車台灣總代理的汎德汽車公司，就是一個單一品牌區域總代理商，很多企業在進行全球擴張的初期，都會採取這種策略，與在地具有實力與經驗的廠商合作，以便快速建立品牌知名度，擴大市場占有率，並降低經營風險。
全套營利	加盟廠商只需要提供營運資金、營運人力，其他的都由企業總部提供，包括：開店籌備、商圈定位、採購、管理、財務、物流、人員培訓、…，也就是說，只要：有錢、有心、有力，通過企業總部的培訓後，就可以加盟成為分店的經營者，右上方圖片的漢堡王就是採取此總加盟方式，適合對象：社會新鮮人、中年轉業、婦女二度就業。

連鎖 1：直營

大公司開分店

直營店是連鎖加盟最原始的模式，讓企業總部所屬的多家分店採取連鎖經營方式，例如：使用共同企業標誌、共同進貨、共同行銷、…，台灣早期工廠自行建立行銷通路，就是採取直營店模式。

直營店的所有權 100% 歸屬於企業總部，直營店長也由總部指派，因此也擁有 100% 的經營權，企業總部對於所有直營店具有直接的指揮與控制權，並擔負 100% 的經營成果與風險。

企業在擴張的初期一般會採取直營模式，好處如下：

- 建立 SOP 的實驗室。
- 人員培訓的實戰場所。
- 創新商業模式的實驗店。
- 對外開放加盟的門面。

王品不對外開放加盟的原因：

王品要做「一步到位」的管理，若開放加盟，就會破功。舉例來說，王品集團旗下的所有餐廳，規定每四年就必須「換膚」，整個店要重新裝潢，以維持用餐環境的舒適。但是加盟者未必都願意，他會認為東西明明還沒壞，卻要打掉重來，如何甘願？

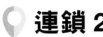 連鎖 2：委託加盟

總部 開店 →	總部 經營 →	委託 經營 →	企業內創業 店長

店面所有權	經營控制權	利潤分配
總部	總部	總部6：加盟主4

直營店長需要經過多年的培訓及實戰才得以養成，是公司最珍貴的資產之一，但店長的升遷管道有限，久而久之店長就會喪失鬥志，成為領固定薪資的上班族，這對於企業而言是莫大的損失。

遴選有企圖心的直營店長，提出企業內創業的機會，讓直營店長承包直營店的經營權，也就是「委託加盟」模式，店長不再只是員工、經營者，更是半個老闆，也必須負擔經營風險。

- ⊜ 當員工：替別人賺錢→時間到就下班
- ⊜ 當老闆：替自己賺錢→ 24 小時、全年無休，完全是 2 個不同的概念。

對承包的直營店長而言	熟悉的商圈、環境、客戶，大大降低創業風險。 獲得總部奧援，大大降低經營成本，並提高經營效益。
對於企業總部而言	降低營運資金的需求，分攤經營風險。 加速分店擴展。 維護分店的服務品質與企業品牌形象。

連鎖 3：特許加盟

丹堤咖啡

Ikari Coffee

加盟主擁有店面所有權

店面所有權	經營控制權	利潤分配
加盟主	總部	總部4：加盟主6

追求快速擴張版圖的企業，多半採取「特許加盟」：

加盟主只要願意支付加盟金，接受企業總部一定程序的培訓並通過測驗，就可簽約而成為加盟店主。

在此模式下，加盟主擁有店面所有權，因此加盟期滿後，有些加盟主不願意繼續支付加盟金，更不願意分享經營成果，就會改掛自己成立的品牌，對於一些專業 Know-How 較低，營業模式低度依賴企業總部的產業，不續約的情況是很容易發生的，例如：早餐店、飲料店、⋯，做的是社區生意，客戶熟悉的店長（老闆娘），因此這種店的品牌就是老闆娘，每週進貨 2 ～ 3 次，不需要複雜的物流體系，因此對於企業總部依賴不深，自然就不願意繼續支付加盟金及分享營業毛利。

但若以便利商店而言，促銷活動頻繁、物流體系複雜、自動化生財器具（咖啡機、ibon 便利生活站）更新速度快，高度仰賴企業總部支援，在正常營運獲利情況下，加盟主多半期滿續約。

特許加盟模式下，加盟主擁有一定程度的經營權，分店的服務品質容易產生大的落差，影響企業品牌形象，例如：當某一加盟店發生食安事件後，經媒體大幅報導，整個品牌形象受損，所有加盟店全部遭殃，更會產生集體退出加盟體系，並向加盟總部訴訟求償的惡性循環。

📍 連鎖 4：自願加盟

> 加盟店獨立經營

店面所有權	經營控制權	利潤分配
加盟主	加盟主	總部0：加盟主10

自願加盟對企業總部而言，是一種要錢不要命的加盟模式，加盟主完全獨立經營，也不需要將獲利分享給企業總部，雙方的依存程度最低，企業總部採取這個模式的目的就是快速展店→賺取簽約加盟金。對於加盟主而言，簽約加盟金較低是最大的吸引力。

由於加盟主對於企業總部的依賴度不高，因此繼續支付加盟金的意願也不高，期滿續約的比例自然偏低。

對於主觀意識較強，有積極創業意願的加盟主而言，這是一個不錯的模式，既享有企業總部的創業方案，又可自行靈活調整，當然，相對失敗的機會也較高。

連鎖 5：合作連鎖

單店零售商合組聯盟

店面所有權	經營控制權	利潤分配
加盟主	加盟主	總部0：加盟主10

有些產業需要高度的專業知識，例如：藥局，必須具備藥師資格，一般人即使經過長期培訓也無法考取藥師執照，因此藥局長期以來都是由藥師獨立開店執業。

但藥局獨立經營是缺乏效益且缺乏競爭力的，因此就有人號召發起聯盟，成立一個企業總部以整合藥局進貨的物流體系，如此就可大幅降低每一藥局的進貨成本，更提升訂貨效率，有了共同的品牌，對於消費者而言更是一種安心、信賴。

每一家藥局除了相同的招牌外，藥師可以 100% 獨立經營，擁有自己的商業模式，藥品也沒有在降價促銷的，因此藥局與企業總部除了進貨、物流之外，依賴程度並不高，這樣的結盟方式多半由藥廠或藥品批發商發起，以協助提升通路下所有藥局的經營效率。

類似的產業還有：聯合診所、聯合會計師事務所、聯合律師事務所、…，這類的連鎖加盟的特性在於：專業執照，加盟店之間可分享的資源可能是：物流、辦公室、行政助理、人脈、…。

網路加盟店

實體商店經營需要「招牌」，在街道上遠遠的就可看到，以招徠顧客，網路上的商店呢？同樣需要招牌！否則在浩瀚的網路世界中，消費者如何能「看見」你的店（網站）。

Internet 發展的早期，所有的網站都必須透過搜尋網站作為入口，Yahoo、Google就是最大的贏家，接著購物專業網站崛起，Amazon 成為網路購物入口的首選，Amazon 的商品搜尋引擎的效率與精準度更勝過 Google，Amazon 成為購物平台，小商家進駐到 Amazon 購物平台下，成為第 3 方賣家。

沒有品牌知名度的獨立商家，要在網路世界闖出名號，其成功的機率遠低於實體商店的創業，因此各式各樣的服務平台崛起，就如同百貨公司提供賣場讓小商家可以入駐設立專櫃。

目前正夯的美食外送平台就是實體商店與網路平台的結合，Uber Eats、Food Panda 是台灣最受歡迎的 2 個美食外送平台，餐廳入駐就是一種加盟模式。

門店費用概算

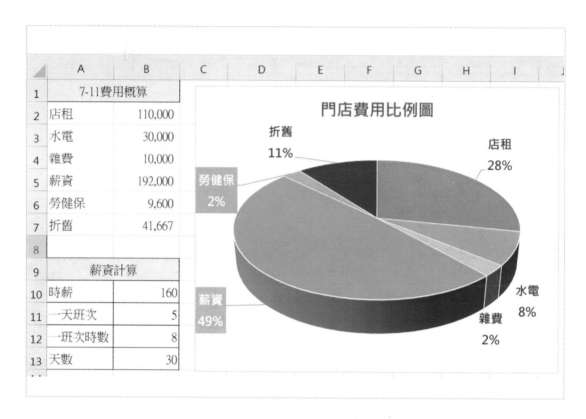

「費用概算」是創業的第一步，所有的商業經營都必須能夠收支平衡，長期虧損的結果就是倒閉，有些店平日看起來生意不錯，但最終倒閉，因此費用的概算是基本功，事業經營不可以憑「感覺」。

上圖就是以 7-11 門店為範例的費用概算，有些費用在開店前是看不見的，舉例如下：

⊙ 一般人會計算薪資，卻忽略了薪資背後隱藏的「勞保」、「健保」費用。

⊙ 一般人會計算水電費，卻忽略了消耗水電的機器設備「折舊」費。

由上面的概算數字可以得到以下分析：

⊙ 薪資費用幾乎占 50%，近年來通貨膨脹嚴重，薪資調整幅度驚人，因此自動化、無人化成為改進經營績效的關鍵點。

⊙ 店租是第二大費用，門店的位置對於店租有絕對性的影響，7-11 店租可能範圍：2 萬 ~30 萬，因此評估時必須非常務實。

⊙ 7-11 的生鮮食品越來越豐富，即期食品促銷、過期食品報廢也逐漸成為管理重點，而此費用在上圖中是隱形的。

📍 無人店發展趨勢

目前所有的門店都仰賴「人」的服務，而人事費用不斷調高，勞工法令更是不斷修正趨於保護勞工，因此門店的經營成本不斷提高，目前解決方案如下：

麥當勞	自動點餐系統，降低櫃台人力需求。
Amazon	無人商店，顧客自行拿了商品就走，整合應用各項高科技技術，建構門店內無服務人員的購物環境。
無人旅館	採用服務機器人，大幅降低接待、客房服務的人力需求。
旋轉壽司	採用自動點餐、送餐系統，大幅提升服務效率，並降低人力需求。

投資自動化是所有企業發展的不歸路：「今天不做→明天後悔」，以 7-11 為例，若少了 Open Point APP，統一集團的通路整合無法達成，消費者精準行銷無法進行，無現金交易服務將不夠完整，當然…，更承擔不起產業龍頭的美譽。

 左下圖的旅館機器人是一種半自動解決方案，因為要遷就原有建築結構，因此以機器人來模仿人的作業，這是過渡期的作法，全新的旅館設計就應該結合建築設計，採用旋轉壽司的作法將服務直接送入房間。

習題

( ) 1. 以下哪一個項目，不是連鎖經營的主要訴求？
  (A) 降低快速展店的風險 　　(B) 成功模式可以大量複製
  (C) 提供企業無窮盡的人才 　　(D) 提供穩定工作

( ) 2. 以下哪一個項目，是三國火燒連環船所指出的狀況？
  (A) 一損俱損 　　(B) 資源整合效率高
  (C) 連鎖經營風險低 　　(D) 連鎖經營成本低

( ) 3. 連鎖經營商業模式，起源於以下哪一個城市？
  (A) 英國倫敦 　　(B) 日本東京
  (C) 美國紐約 　　(D) 中國阿里巴巴

( ) 4. 以下哪一個項目不是連鎖經營的 3 個進程？
  (A) 標準化 　　(B) 資本化
  (C) 系統化 　　(D) 整合

( ) 5. 汎德汽車單純代理 BMW 汽車，享有完全獨立經營的自由度，屬於連鎖加盟發展的哪一個世代？
  (A) 傳統 　　(B) 現代
  (C) 新式 　　(D) 國際化

( ) 6. 連鎖加盟市場的成熟度（由低至高）比較，以下哪一個項目的排列順序是正確的？
  (A) 日本→中國→美國→台灣 　　(B) 中國→台灣→日本→美國
  (C) 台灣→日本→中國→美國 　　(D) 美國→台灣→日本→中國

( ) 7. 以下哪一個項目，與連鎖經營模式的成熟度有最直接的關聯？
  (A) 交通的方便性 　　(B) 科技的發達程度
  (C) 國民 GDP 　　(D) 網路的普及程度

( ) 8. 以下哪一個項目，是創新商務模式發展的最大障礙？
  (A) 不合時宜的舊法規 　　(B) 科技落後
  (C) 國外資金的引進 　　(D) 勞動力缺乏

( ) 9. 以下哪一個項目，不是連鎖經營的好處？
(A) 資源整合　　　　　　　(B) 降低創業風險
(C) 保證獲利　　　　　　　(D) 集體進貨

( ) 10. 以下哪一個項目，屬於 CIS 企業識別的範疇？
(A) 定價策略　　　　　　　(B) 企業併購
(C) 加盟辦法　　　　　　　(D) 經營理念

( ) 11. 以下哪一個項目，是連鎖經營的具體作為？
(A) 簽訂合約　　　　　　　(B) 歃血為盟
(C) 企業併購　　　　　　　(D) 引進外資

( ) 12. 以下哪一種連鎖經營的方式，加盟主的自主經營權最高？
(A) 直營　　　　　　　　　(B) 委託加盟
(C) 特許加盟　　　　　　　(D) 合作連鎖

( ) 13. 漢堡王採取以下哪一種加盟方式？
(A) 全套營利　　　　　　　(B) 商品商標
(C) 半套營利　　　　　　　(D) 保證營利

( ) 14. 企業在擴張的初期，一般會採取哪一種連鎖經營模式？
(A) 直營　　　　　　　　　(B) 委託加盟
(C) 特許加盟　　　　　　　(D) 合作連鎖

( ) 15. 遴選有企圖心的直營店長，提出企業內創業的機會，讓直營店長承包
直營店的經營權，是哪一種加盟模式？
(A) 直營　　　　　　　　　(B) 委託加盟
(C) 特許加盟　　　　　　　(D) 合作連鎖

( ) 16. 要求快速擴張版圖的企業，多半採取哪一種加盟模式？
(A) 直營　　　　　　　　　(B) 委託加盟
(C) 特許加盟　　　　　　　(D) 合作連鎖

( ) 17. 對企業總部而言，以下哪一種加盟模式是屬於「要錢不要命」？
(A) 直營　　　　　　　　　(B) 委託加盟
(C) 特許加盟　　　　　　　(D) 自願加盟

（　）18. 需要高度專業的知識、資格的門店，多半採取哪一種加盟模式？

    (A) 直營　　　　　　　　　　(B) 委託加盟

    (C) 特許加盟　　　　　　　　(D) 合作連鎖

（　）19. 關於 Uber Eats 的經營模式，以下項目哪一個是錯誤的？

    (A) 純網路加盟經營　　　　　(B) 虛實整合模式

    (C) 線上線下整合模式　　　　(D) O2O 整合模式

（　）20. 以 7-11 為例，以下評估門店費用的敘述，哪一個項目是錯誤的？

    (A) 人事費用是主要開支之一　(B) 勞健保費容易被忽略

    (C) 折舊費用容易被忽略　　　(D) 生鮮過期比例並不高

（　）21. 門店經營無人化是產業發展趨勢，主要的原因為何？

    (A) 企業品牌形象　　　　　　(B) 降低人事成本

    (C) 提高門店周轉率　　　　　(D) 防止偷竊

CIS：企業識別

賣水果的

賣飛鏢的

蓋橋樑的

開鎖的

賣海產的

賣露營裝備的

長 髮→飄逸、短髮→幹練、套裝→俐落、短裙→俏麗、…，一個人的外表、穿著會對外界傳遞出一定的訊息，我們稱為印象（Image），而一家企業的名稱、招牌、商品、服務、活動、…，同樣會給消費者產生一定的印象。

多數消費者的購物行為是偏向保守的，不認識的企業、品牌代表的就是風險，因此各大公司無不提高行銷預算，大打廣告戰，讓消費者「認識」是行銷活動的第 1 步，讓消費者「了解」行銷活動的第 2 步，讓消費者產生「好感」是行銷活動的第 3 步，而企業識別就包括這 3 個步驟的所有活動。

⊘ 看到一顆蘋果的標誌：
多數的消費者就會知道這是 Apple 的商標，並連想到這是一個標榜創新的企業，更代表：時尚、多金。

⊘ 看到一個金黃色的 M 字：
就會知道這是麥當勞的商標，是帶來全家歡樂的快餐店，更是所有小孩成長的記憶，更代表：歡樂、公益。

商標：與時俱進

商標是企業識別最直接的工具，隨著時代的演進，消費者喜好的改變，企業的成長轉型，企業透過商標所要傳達的訊息也將隨之改變。

上圖中第 1 組範例圖片是 Nike 的商標演變，Nike 深深打動消費者的 Slogan：「Just do it !」，與最新的回力鏢簡潔設計簡直是完美搭配。

上圖中第 2 組範例圖片是麥當勞的商標演變，隨著時間的演進，商標演進：文字→文＋圖→圖→色系改變，企業所要傳達的訊息越來愈簡潔：「充滿歡樂」。

台灣有些老廠牌為了節省經費，經常拿出 20 年前的廣告來重播，看了真是無言…，阿公級的消費者日漸凋零，實在看不出這樣的企業還能撐多久。

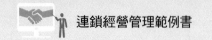

📍 Logo 設計：字母、文字

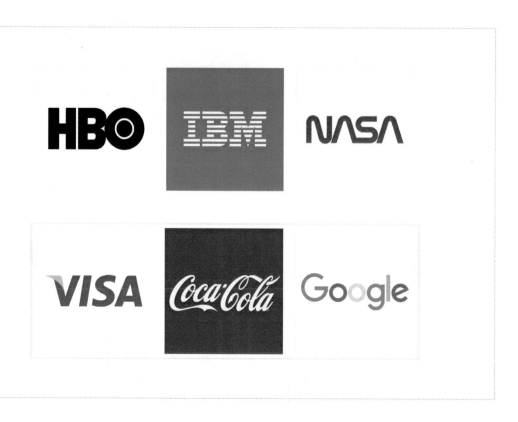

LOGO- 象徵著每個企業品牌的形象，以下是 LOGO 設計常用的 7 種方式：

字母	由幾個字母組成，通常是公司的首字母縮寫。 使用幾個字母，就能有效地精簡代表公司原品牌較長的文字內容。 由於重點是首字母，因此您選擇（或創造）的字體非常重要，以確保您的 LOGO 不僅與您公司的主題相符，而且在您在名片上印刷時也能清晰可辨。
文字	與字母 LOGO 類似，但專注在「商業名稱」，也就是善用「好名好姓」。 比如說：可口可樂、VISA，當一個公司有了一個簡潔而獨特的名稱時，文字 LOGO 傳播的效果非常好。谷歌的 LOGO 就是一個很好的例子。 這個名字本身很吸引人，令人難忘，因此，當結合強烈的排版時，該 LOGO 有助於創造強大的品牌認知度。

使用字母和文字 LOGO 時機：

- ⊙ 如果您的公司名稱很長，可以考慮使用字母 LOGO 將商家名稱縮寫為首字母，縮寫將有助於簡化您的設計。
- ⊙ 如果你有一個獨特的商業名稱，並且能在顧客的腦海中留下深刻的印象，那麼一個文字 LOGO 就是一個好主意。

Logo 設計：圖案、抽象

圖案	有時稱為品牌 LOGO，是基於圖標或圖形的 LOGO。例如：Apple 的「蘋果」，Twitter 的「鳥」，Target 的「靶心」。這些公司的每一個 LOGO 都是如此具有獨特象徵意義，以至於這個 LOGO 才能立即被識別出來。 如果公司的商業模式在未來預期有變化，一個圖案 LOGO 可能不是最好的方案。例如一家餐飲公司主要銷售披薩，如果在 LOGO 中使用披薩，當這家公司開始銷售三明治或漢堡時候，原本的披薩品牌 LOGO 就無法承載更多的產品內容。
抽象	它不是一個可識別的圖形，例如：BP、百事、愛迪達，抽象 LOGO 的效果非常好，因為它們可以將您的品牌詮釋成一個圖像。然而，抽象 LOGO 不僅限於可識別的圖片，還可以創造真正獨特的東西來代表您的品牌。 抽象 LOGO 能夠象徵性地表達你的公司所做的事情，而不依賴於特定形象的文化含義。透過顏色和形式，你可以在你的品牌周圍賦予意義和培養情感。例如：NIKE 的回力鏢圖案強烈暗示運動感和自由感。

Logo 設計：吉祥物

吉祥物	吉祥物 LOGO 通常具有色彩鮮豔、通俗、直觀、易於理解和記憶的特點，吉祥物 LOGO 也可以代表公司的一個吉祥物。

⟩ 如果想要吸引小孩或家庭，可以考慮設計一個吉祥物的 LOGO。吉祥物的最大好處是它能與客戶互動，具備社交功能，同時也是社交媒體行銷以及行銷活動的重要工具，例如：在迪士尼小孩都非常願意和吉祥物合影留念，目前全球知名城市，也都利用吉祥物作為城市行銷的工具（台北：熊讚）。

⟩ 吉祥物只是一個成功的 LOGO 和品牌的一部分，但吉祥物可能無法在所有的傳播物料中使用它。例如：吉祥物可能無法很好地印刷在名片上。所以在 LOGO 設計過程中，要考慮到 LOGO 的實際應用。

Logo 設計：圖案文字、徽章

圖形文字	圖形和文字可以並排擺放、相互疊加或者集成在一起創造圖像。 著名的組合商標：多力多滋、漢堡王、LACOSTE。 由於名稱與圖形相關聯，因此組合 LOGO 是一種多功能選擇，文字和圖形或吉祥物組合一起都可以強化深入一個公司的品牌傳達。使用圖形文字 LOGO，人們也會立刻開始將公司的名字與品牌圖案標記或吉祥物相關聯！將來，公司品牌可以完全依賴 LOGO 符號，而不必始終包含企業名稱。由於符號和文字的組合可以共同創造一個獨特的圖像，所以這些 LOGO 通常比單獨的圖形 LOGO 更容易商標化。
徽章	起源於原始社會氏族部落的圖騰標記，而那時的徽章指的並不是現代意義上的徽章，而是旗幟，所以可以發現徽章式 LOGO 的使用場景的一些關鍵字通常為傳統、官方、正式、組織、團體、復古等。 徽章 LOGO 往往具有傳統的外觀，有著象徵榮譽的重要意義，也可以表示身份和職業。因此它們通常是許多學校、組織或政府機構的首選，汽車行業也非常喜歡使用徽章 LOGO。雖然它們具有經典風格，但一些公司已經有效地將傳統會徽外觀與 21 世紀的 LOGO 設計進行了現代化改良，例如：美國哈佛大學校徽、星巴克的美人魚、哈雷戴維森摩托車。

商標法

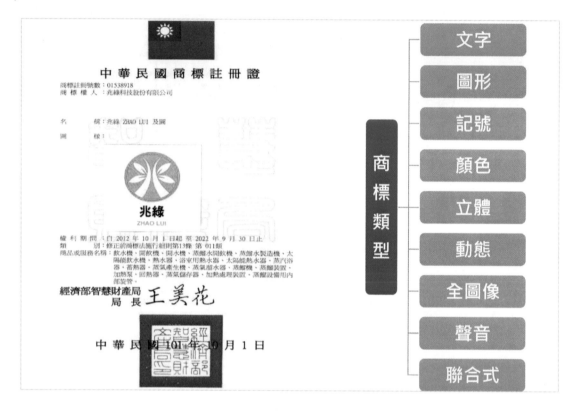

商標法第 18 條規定：商標，指任何具有識別性之標識，說明如下：

文字	泛指可辨識的各種語言文字及字母。
圖形	泛指由點、線、面集合成的圖樣，例如人物、動物、植物、器物、自然景觀或幾何圖形等。
記號	泛指一切標記或象徵的符號，如十、一、×、÷、%、音樂符號、數字或特殊符號等所構成。
顏色	指由單一顏色或二種以上的顏色組合標識，係以單純的顏色或顏色組合作為識別，而不含特定形狀的圖形外觀。
立體	泛指具有長、寬、高三度空間的立體形狀，可能的態樣包括商品本身之形狀、商品包裝容器之形狀、立體形狀標識、服務場所之裝潢設計等。
動態	泛指連續變化的動態影像，而且該動態影像本身已具備指示商品或服務來源的功能。
全像圖	全像圖是利用在一張底片上同時儲存多張影像的技術，而呈現出立體影像，依觀察角度不同，並有彩虹變化的情形。
聲音	單純以聲音本身作為標識的情形，係以聽覺作為區別商品或服務來源的方法，聲音商標可以是音樂性質的商標。
聯合式	係指以文字、圖形、記號、顏色、立體形狀、動態、全像圖、聲音等之各種組合而成的標識。

商標分類：傳統 vs. 非傳統

任何可感知之標誌

商標法中所定義的：文字、圖形、記號、顏色、立體，所形成的商標我們一般歸類為傳統商標，還有另一部分商標是由於多媒體所組成，我們稱為非傳統商標，例如：聲音、影像、表演、…，只要是「可感知」的標誌都可以申請為商標。

可感知：透過人體 5 官（眼、耳、口、鼻、頭）接受訊息。

國外氣味商標核准案例

國家	美國	澳洲
商標描述	商標由櫻桃氣味所組成	商標由商品上之尤加利氣味所組成
指定商品	第 4 類：合成潤滑油	第 28 類：高爾夫球座
案號	74720993	1241420
商標權人	MARTEL , MIKE	E-Concierge Australia Pty Ltd

商標檢索

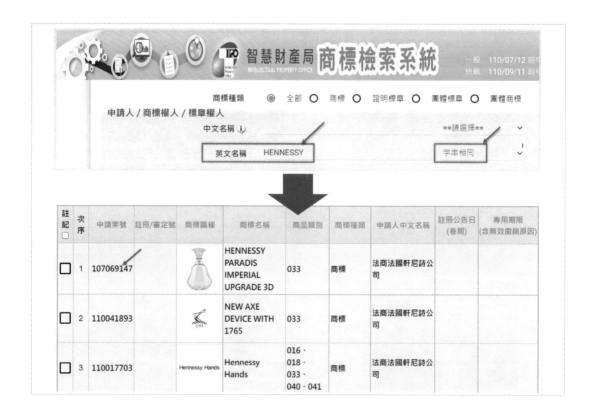

中華民國商標管理權責單位：行政院智慧財產局

申請商標應事先上網查詢，搜尋網址關鍵字：「智慧財產局商標檢索系統」

範例：軒尼斯 HENNESSY

  A. 鍵入檢索系統

  B. 輸入搜尋標的：「HENNESSY」、選取資料比對方式：「字串相同」

  C. 螢幕顯示所有 HENNESSY 公司的商標註冊表列

  D. 選取：第 1 個項目→酒瓶

     ◌ 台灣商標分類：第 33 類→含酒精飲料（啤酒除外）

範例：立體商標

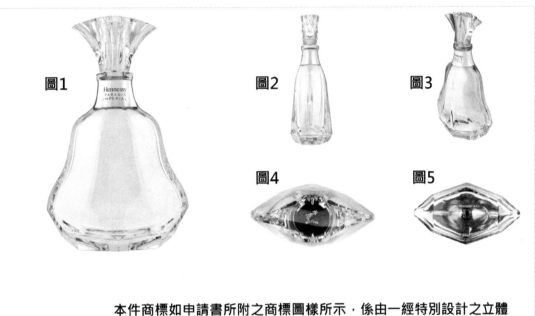

圖1　圖2　圖3　圖4　圖5

商標圖樣描述：
本件商標如申請書所附之商標圖樣所示，係由一經特別設計之立體扇形瓶蓋、金色瓶頸與類似葫蘆形玻璃酒瓶立體形狀組合之商標，其瓶蓋頂端標有JAS HENNESSY & CO、金色瓶頸正面標有HENNESSY、PARADIS、IMPERIAL字樣及瓶底手持斧頭浮雕標示等獨特設計之造型。

「酒瓶」是這個商標的主體，是一個立體商標，商標文件中附上 5 張圖片：

- ◉ 第 1 張：正面圖
- ◉ 第 2 張：側面圖
- ◉ 第 3 張：斜角半俯視圖
- ◉ 第 4 張：瓶蓋俯視圖
- ◉ 第 5 張：瓶底仰視圖

除了圖片標示外，輔以文字說明，如上圖。

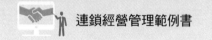

範例：聲音商標

新一點靈b12

4/4　3 5　5 4　3 1 ｜ 2 7　1

新　一點　靈　B 1 2

◎標章圖樣描述：
這是一個聲音證明標章，如申請書所附光碟片中之聲音，本件聲音標章係由音符ㄇㄧ、ㄉㄚ、ㄙㄛ、ㄈㄚ、ㄇㄧ、ㄉㄨㄛ、ㄖㄨㄟ、ㄒㄧ、ㄉㄨㄥ等旋律組合而成，歌詞為「新一點靈B12」。

Nokia Ringtone

Arranged by Cibin Joseph

聲音是多媒體資料中重要元素，舉例來說，電影發展初期，影片中只有畫面沒有聲音，我們稱為「默片」時代，當聲音被加入影片後，電影才真正進入騰飛的時代，如果將電影比喻為一道料理，畫面是食材、聲音即是調味料，聲音具有畫龍點睛的效果，聲音不只包含音調、音量，更蘊含濃濃感情。

許多成功的廣告都是歸功於洗腦的「魔音」、「神曲」，例如：新一點靈 B12 眼藥水廣告從民國 60 年就紅遍台灣大街小巷，廣告片尾的 5 秒鐘配樂就是成功關鍵，Nokia 手機主宰全球通訊市場長達 15 年（1996~2010），全球各個角落都可聽到 Nokia 手機的開機音效。

人們對於畫面的接收有很高的侷限性，眼睛必須對準畫面才能接收，同一瞬間只能接收正前方的視訊，但對於聲音的接收卻是全方位的，無論身處何處，所有音訊同步傳入耳朵內。一邊工作時一邊聽音樂對許多人來說，不但不會干擾工作，甚至會提升工作效率，因此對於訊息的傳遞效用而言，聲音比畫面更為全面。

CIS 企業識別

消費者購物習慣中最重要的一項就是「品牌」，必須先產生品牌「認知」，然後能建立品牌「偏好」，藉由品牌偏好進一步對企業產生信賴，最後企業的所有商品、服務才能獲得消費者的青睞，正所謂：「愛屋及烏」。

商店的招牌、商品的包裝都是建立品牌「認知」的基本工作，業務員代表公司出訪客戶所使用的名片，也是品牌認知的工具之一。乍看之下，招牌、包裝、名片好像是完全無關的 3 樣東西，但如果設計的過程中，將這 3 件東西視為同一體系，那麼這 3 個看似獨立的個體就能產生連結，請記得！「印象」是記憶累積的結果。

上圖中，一個企業對外、對內所有的東西都採取一系列的設計，所呈現出來的效果就是「專業」形象。

CIS 內涵

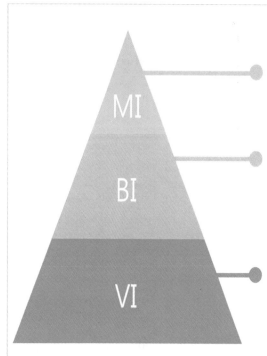

MI — 理念識別：最高決策層級
品牌的差異化

BI — 活動識別：動態的識別形式
對外：服務品質、回饋活動
對內：組織管理、教育培訓

VI — 視覺識別：靜態的識別符號
視覺化的傳達形式

企業識別分為 3 個進程：

視覺識別	對外所呈現的表象，例如：招牌、產品包裝、制服、名片、…，是建立消費者企業認知的最直接做法。
活動識別	透過活動與客戶產生互動，藉由互動的感受產生企業認知，例如：客戶接待、客戶服務、公益活動、公益廣告、社區服務、…，這些活動一樣需要建立 SOP（標準化作業流程），才能讓服務品質標準達到一致化。
理念識別	這是關係到企業決策層級的價值觀體現，例如：以客為尊、業務掛帥、勤儉持家、…，一旦高層經營理念定調後，所有的企業行為都將配合進行，上面所提到的「視覺識別」、「活動識別」也是跟隨著理念識別來設計、規劃、執行。例如：全聯福利中心的經營理念就是「為客戶省下每一分錢」，因此賣場全部開在巷弄內（省房租）、店內極簡裝潢（省裝修費）、大包裝商品（降低商品單價）、…。

聯合國：永續發展目標

所有的組織團體無論規模大小，都會進行企業識別規劃設計。

上圖就是聯合國以「永續發展」為核心理念所設計的企業識別標誌，在核心理念之下又設定 17 個工作目標，每一個小圖都包含 3 個要素：簡圖、單色背景、簡要文字，17 個標誌放在一起成為一個系列，將整體性、一致性、協調性發揮的淋漓盡致。

🔍 吉祥物

企業舉辦各式活動時，為了與民眾、消費者產生互動，吉祥物是最常被使用的一個工具，因為容易產生親切感，而吉祥物又以動物、卡通人物最受歡迎。

台灣職業棒球聯盟中，每一個球隊都由一家知名企業贊助，而每一個球隊都會挑選一個動物作為吉祥物，將企業名稱與可愛動物做聯結，以加強球迷的「企業認知」、「球隊認知」，例如：兄弟－象、統一－獅、味全－龍、…。

在城市行銷中，吉祥物也扮演了一個重要角色，例如：台北市的熊讚、東京都的未來永遠郎，對於國際旅遊的城市推廣都能起到聯名效果。

公仔

麥當勞是賣漢堡的？在台灣，答案是否定的！在台灣麥當勞實現了「將歡樂帶給你」的企業理念，多數的麥當勞台灣分店都有一個兒童遊樂場，爸爸、媽媽、爺爺、奶奶帶著小朋友到麥當勞來玩、來吃薯條→加價購買公仔，台灣麥當勞的主要消費群體為「兒童」，推陳出新的麥當勞公仔更是吸引兒童顧客的暢銷商品，對於兒童而言，公仔就是一個可以帶來歡樂的玩具。

7-11 的公仔則是瞄準粉領小資族，缺貨…缺貨…缺貨！7-11 因為集點兌換商品缺貨被引領期盼的消費者罵翻，男朋友幫忙集點，婆婆媽媽幫著女兒天天詢問兌換商品到貨了沒？這就是個全民運動！小小的公仔做為手機吊飾、提包吊飾、擺在書桌上，是生活的調劑，能舒緩職場工作的緊迫氣氛！

公仔與吉祥物有異曲同工之妙，將組織、企業、品牌與「可愛的東西」產生連結，將一個生硬的企業名稱、品牌轉換為親切感十足的動物或玩偶。

台灣暢銷的 4 格漫畫「我是馬克」漫畫中的主角、配角們都被設計為各式各樣的公仔，在文創業也掀起不小的風潮。

📍 品牌

「一朝成名天下聞」的上一句是「十年寒窗無人問」，若我們在網路搜尋實力派巨星的歷史資料時，會發現所有人成名前很多是跑龍套出身的，不斷的驚嘆：「原來他（她）以前也演過250的路人甲…」，一個人、一個企業的品牌都是：時間、成本、人力等各項資源長期投入的積累。

在物資氾濫的市場中，消費者有過多的選擇，沒有品牌的商品很難進入消費者的採購清單，在市場競爭的強大壓力下，很多廠商選擇削價競爭，因此劣質商品充斥市場，這時品牌更成為品質的保證。

品牌值錢，但建立品牌需耗費大量時間、成本，那就仿冒、山寨吧！一本萬利，這是所有開發中國家發展的起手式，50年前的日本、30年前的台灣、今天的中國，在全民皆貧的產業發展初期，笑貧不笑娼是主流的社會價值，因此山寨品牌充斥整個市場，也是推動知名品牌全球擴張的進程。

 一家企業的品牌被仿冒真的是壞事嗎？國際大廠其實是高明的利用「仿冒」，進行免費且快速的地下行銷，培養潛在消費者，筆者小時候就使用過微軟的盜版軟體，長大後台灣經濟起飛了，政府法令完備了，所有廠商不敢使用盜版軟體了，而微軟成為唯一的選擇：「零學習成本」。

LV 包值多少？

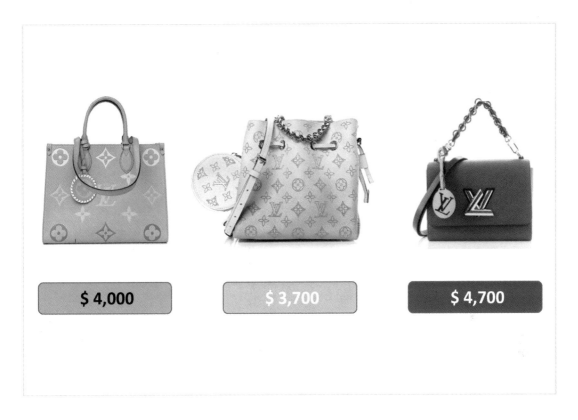

Louis Vuitton 是法國的一個時尚品牌，品牌名稱實在是挺難發音的，中文翻譯為路易威登，但多數人以 LV 為名，LV 是目前全球時尚最大品牌，也是被山寨最嚴重的品牌。

如上圖所示，一個入門款包包就是幾千美金，經詢問筆者的敗家女兒蓓蓓（名牌包狂粉），LV 包的價格大約是市面上一般包的 50 倍（經筆者大約估計換算）。對於筆者而言，LV 包的價格是超乎認知範圍的，但對於筆者女兒這類的消費者而言，卻是完全值得的，遇到經典限量款更是得透過關係才能「搶」到手。一般人看的是「價格」，但忠實消費者看的是「價值」，這是完全不同的兩個層次，品牌塑造的正是「價值」。

很多男性對於女孩子的包包不屑一顧，但熱衷於職業運動時，對於職業球員「價值」的認同卻也是同樣狂熱，台灣職棒選手在國內領多少薪資？去日本發展的薪資跳 10 倍，再轉往美國再跳 10 倍，台灣職棒與美國大聯盟的品牌價值起碼相差了 100 倍。

由於品牌值錢，所有的周邊商品水漲船高，一雙飛人喬丹的限量版籃球鞋值幾千美金，這就是品牌迷人之處。因為品牌建立不易，因此品牌廠商也必須要費盡心力的呵護。

品牌價值…一步一腳印！

每 4 年一次的世界盃足球賽是全球最大的運動賽事，透過實況轉播全球同時觀看人數高達幾十億人，球賽中的廣告費每 30 秒鐘高達數百萬美金，但全球各大廠商雖一擲千金卻毫不手軟，Nike、Coke、Samsung、…，這些國際品牌都是經年累月以巨資砸出來的。

企業規模不足以參加國際盃的國內企業，就舉辦小規模國際賽事，例如：富邦金控每年舉辦馬拉松比賽，邀請全球選手參加，這個活動主旨在於喚醒消費者藉由運動來達到健康強身的目的，同時也讓健康快樂與富邦品牌相聯結。

華碩電腦是國際品牌大廠，對於國內市場的經營也不遺餘力，藉由公益性質基金會積極參與：3C 產品廢棄回收的環保活動、降低城鄉數位落差的教育工作，深入偏鄉、基層，由公益服務的角度切入市場。

連續劇是觀眾最多的娛樂節目，尤其晚飯後 8 點檔，全家齊聚客廳，即使到了人手一機的行動商務時代，追劇一樣是多數人的娛樂選擇，在劇情中置入廣告讓觀眾不經意的看到、聽到商品，這就是目前最流行的「置入性行銷」，甚至節目本身就以企業或產品稱冠名播出，當然，太過分了也會引起觀眾的反感，畢竟觀眾要看的還是「節目內容」。

2022 全球 10 大品牌價值

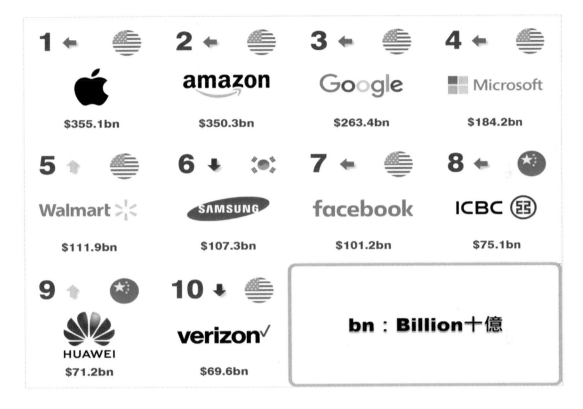

品牌很值錢！那到底值多少錢？ Brand Finance 是一家品牌價值顧問公司，每一年都會發佈全球 10 大品牌價值排行榜，如上圖所示：

⊙ 第 1 名：蘋果電腦品牌價值 3,551 億美金

　　觀察歷年資料：第 1、2 名都是由 Apple、Amazon 輪流擔綱

⊙ 前 5 名全部是美國公司

　　觀察歷年資料：一向由美國企業包辦

⊙ 3C 品牌大廠三星佔據第 6 名，是美國以外第一品牌

　　觀察歷年資料：中國騰訊曾經擠入第 4 名

⊙ 中國身為全球第 2 大經濟體，只擠進 8、9 名

⊙ 日本、歐盟全部陣亡

美國是實至名歸的品牌大國，沒有之一！就是唯一！

Apple：賈伯斯

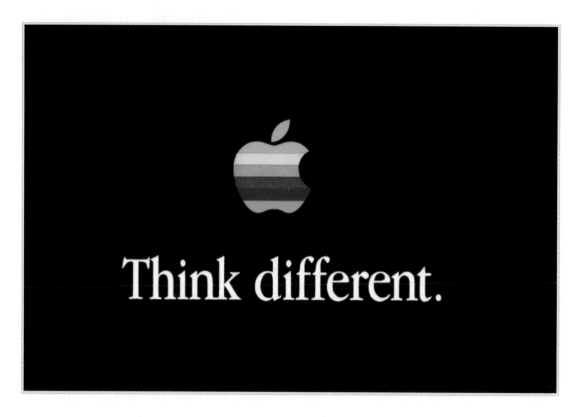

上一節我們看到 2022 年全球品牌價值第 1 名，根據 2022/1/27 市場資訊，Apple 的市值 2.75 兆美元也是全球第一，Apple 為什麼能有如此偉大的成就？

Apple 創始人賈伯斯，被譽為當代最具有創意的企業家，Apple 最出名的 Slogan 就是「Think different.」，賈伯斯認為：「我們要提供給消費者的產品，是必須超乎消費者所預期、想像的！」，每一次 Apple 的新品發表會，就是一場充滿驚嘆聲的創意產品發表會，新產品發售起始日全球各地展示中心大排長龍，果粉的忠誠度更是所有品牌之冠，在市場上 Apple 根本就沒有競爭者、只有追隨者。

嚴格來說；智慧手機只有 2 種品牌：蘋果、非蘋果（Android），個人電腦也是只有 2 種品牌：蘋果、非蘋果（Microsoft），Apple 自建一個生態體系，不與外界整合、分享，長期占據產業的中、高階市場，憑藉的就是不斷的創新 Innovation。

亞洲人的教育強調「標準答案」，只要與標準答案不一樣的就是錯，這是一種便於管理、統治的愚民策略，學生從小學習就被限制獨立思考的發展，進了職場還得論資排輩，勇於發言、勇於提案更是不被鼓勵，因此亞洲所謂的優秀人才，就只能在製造領域尋求發展。

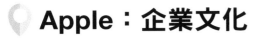 Apple：企業文化

"It doesn't make sense to hire smart people and then tell them what to do;

we hire smart people so they can tell us what to do."

- Steve Jobs
co-founder of Apple computer, co-creator of iTunes and the iPhone.

人才 vs. 奴才

"A lot of times, people don't know what they want until you show it to them."

Steve Jobs

創造消費者需求

以下 2 句賈伯斯名言可以深刻的闡述 Apple 創新企業文化：

> 人才管理：

It doesn't make sense to hire smart people and then tell them what to do.

這是毫無意義的：我們聘請優秀的人才，卻指揮他們照著我們方法做事。

→優秀人才的價值在於：創新

> 產品開發：

A lots of times, people don't know what they want until you show it to them.

多數的情況下，消費者並不了解自己的需求，直到你將產品呈現在他們眼前。

→滿足消費者的需求是遠遠不夠的，創造消費者需求才是企業的使命

這兩句賈伯斯名言打破了筆者長期以來的思想禁錮，從小養成的價值觀被徹底粉碎，驟然想起一句成語：「聽君一席話，勝讀十年書」，最近還有一個有趣的話題：「全球首富們都在幹什麼？」，結論是：美國 2 個富豪都在忙著「上火星」，中國 2 個富豪忙著「被退休」！

歐美有許多百年企業，因為格局夠大、想得夠遠、敢於創新、允許犯錯！

Apple：Innovation

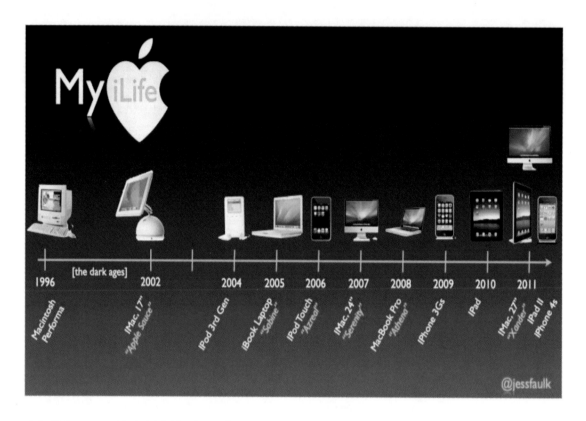

上面是 Apple 的產品創新發展史，無一不令人驚艷！

Apple 的第一個產品是 Apple II 個人電腦，當時全球電腦巨擘 IBM 將它視為「玩具」，不屑一顧，十幾年後個人電腦瘋迷全球，開啟全民電腦教育的風潮，IBM 差一點公司倒閉，電腦是屬於「專業」人士的，越大越值錢，這是早期電腦發展的主流思想，個人電腦的出現徹底顛覆市場。電腦是「平民」工具，每個家庭都可擁有、每一個學生都必須學習、每個員工都必須會操作，所有企業表單、報表由手工變成電腦報表、螢幕報表。

緊接著…，隨身音樂 iTunes、iPad 隨身音樂、notebook 筆電、iPhone 智慧手機、iPad 平板電腦、…，全部都在市場的驚嘆聲中破空而出，因為在產品發表之前，消費者根本就無法預期會有如此創意商品。

筆者的無知：

早期台灣網路基礎建設並不完整，網路速度很慢，在網路上查詢資料、聽音樂會卡卡。YouTube 剛問世時，筆者覺得 CD 音樂才是主流，隨著時間的推移，網路建設逐步到位，網路資料傳輸速度飛躍成長，所有資料儲存全部轉移到線上，雲端時代來臨，所有個人資料儲存裝備都被消滅了，購買音樂光碟變成了線上收聽付費，各位讀者可以想像當年電腦巨擘 IBM 為何差點倒閉了吧！

Amazon：客戶滿意

Amazon 的主業是電子商務、網路購物，與消費者並沒有太多的實體接觸，但企業追求的卻是「客戶滿意」，與教科書上光說不練的嘴把式不同，Amazon 具體以以下 3 個策略工具達成客戶滿意：

最佳價格	Amazon 採取低毛利策略擴大銷貨量，再以擴大的銷貨量壓低供貨商的進價，進價降低後 Amazon 再將差價回饋給客戶，因此更進一步擴大銷貨量，如此良性循環下：銷貨量越來越大→進價越來越低→客戶越來越滿意，這就是 Amazon 知名的飛輪理論。
快速物流	商品配送效率是電商競爭的最佳利器，要提高配送速度就得提高物流車每日配送的頻率，增加配送頻率就代表成本的提高，根據上面提到的飛輪理論，Amazon 快速擴大銷售的同時，商品配送的地區密度會大幅提高，物流成本便大幅降低。一趟車一個社區送 10 件貨跟送 100 件貨的單位成本差異，可說是天壤之別。對於會員客戶來說，免運費、隔日到貨是最基本的福利。
創新科技	Amazon 大量投資於科技創新，以提高客戶購物的便利度，讓消費者牢牢地黏著 Amazon，下一節我們就會介紹 Amazon 的具體作為。

Amazon：Best Price

所有的企業都必須「營利」才能生存，一般的企業專注於「眼前」的小利，而 Amazon 這種神級的企業卻以放長線釣大魚的策略，圖的是「未來」的大利，唯有將品牌做大，建立起規模經濟，才能創造出巨大的利潤。

飛輪理論就是犧牲眼前的毛利，換取長遠的品牌價值「Amazon：價格的王者」，當消費者有購物需求時，第一個想到的就是 Amazon 的商品搜尋，因此銷售量產生 10 倍、百倍、千倍的放大，這就是不貪錢的奸商！

Amazon 甚至引進第三方賣家進駐 Amazon 銷售平台，並盡心協助這些第三方賣家的業務推廣，第三方賣家只需要專注於商品開發，其他的平台作業、倉儲、物流、報關、…，全部由 Amazon 協助辦理，提供一條龍服務。

第三方賣家都是些小廠商，為了生存就必須求新、求變，這樣的特質就會對 Amazon 這種超大量體的企業產生鯰魚效應，更對 Amazon 產生以下兩 2 個具體貢獻：

- ⬭ 擴大商品的多樣性。
- ⬭ 提供更低的商品貨源。

扶植競爭對手成為企業的防腐劑，是多麼高明的企業管理思維！

Amazon：TECH

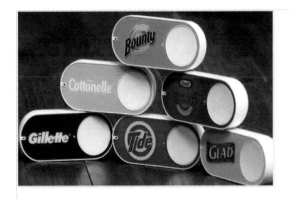

網路購物環節中最複雜的算是「金流」，但目前幾乎所有的消費者都沒有這樣的感覺，那是因為 Amazon 開發了「一鍵下單」技術，讓消費者在網頁上、App 上購物後，只要一個按鍵就完全免除後續繁雜的金融驗證。

Amazon 為了讓購物更便利，開發 Amazon Dash-Button，這是一個採購固定商品的按鈕，如左上圖中的 Tide 就是用來採購洗衣精的專屬按鈕，主婦將此按鈕黏貼在洗衣機上，每當發現洗衣精快用完了，只要按一下鈕就可以發出線上訂單，隔天物流配送就將東西送來了，相較之下 App 購物顯然沒那麼方便。

「沒有最方便、只有更方便」，Amazon 開發的家庭數位助理，她有一個美麗的名子叫：Alexa（愛麗莎），Alexa 會隨時監控家中任何聲音，就如同是 Amazon 派駐到你家的萬事通助理，會透過雲端資料庫回答你生活上的大小事，更會為你線上購物，還會偷聽所有家庭成員的對話，例如：母女兩人聊到最近天氣乾燥，想要買些護膚品，隔天某個廠牌的護膚試用樣品就寄到家裡來了，某家 SPA 的體驗券就傳到手機了…。

在虛實整合的時代，Amazon 大舉揮軍實體市場，併購美國最大連鎖生鮮超市 Whole Food，更開發 Amazon Go 無人超商系統，只要進入商場時掃描手機 QR Code，所有商品拿了就走，完全不需要經過結帳作業，方便、方便、再方便！

Amazon：Logistics

Amazon 早期創立網路書店時，認為電子商務就是透過網站買空賣空，等到產業開始蓬勃發展後，每逢重大節慶，缺貨、延遲送達、商品毀損、…等等問題窮於應付，才發現電子商務的核心競爭力在於：倉儲→物流→配送。

如今 Amazon 在全美國→全球都設立超大型物流中心，採取高度自動化作業，要求的就是：精準、速度，但這只是 Amazon 的基本功，身為產業龍頭，Amazon 認為要提高物流效率更必須不斷創新，以科技應用為高效物流提供解決方案，以下是幾個 Amazon 的創新實例：

⊙ 併購機器人公司，導入機器人撿貨作業，大幅提升撿貨效率。

⊙ 實施無人機送貨方案，為偏鄉商品配送提供解決方案，並大幅降低成本。

⊙ 整合：無線通訊、數位攝影機、遠距數位門鎖，提供客戶不在家配送進門方案，解決貴重、隱私物品遺失問題。

⊙ 提出空中移動倉儲計畫，是一種更經濟、環保、高效的未來倉儲、物流模式。

不斷創新所追求的是「客戶滿意度」，若是以績效 KPI 來評估每一個創新方案，那就沒有今日的 Amazon，電子商務→行動商務至少倒退 10 年。

Costco：以客戶為尊

Costco 是一家全球連鎖會員制生活用品倉庫式量販店，企業名稱 Costco 就標註了企業使命：Cost Control（筆者解讀），藉由精準的成本控制，提供消費者物美價廉的商品，以下是 Costco 的幾項經營特點：

⟩ 賣場內全部是倉儲式的貨架，大量降低硬體成本及維護費用。

⟩ 大包裝商品，因此可以有效地降低商品單價。

⟩ 採購部門精選商品，賣場內同一產品可供客戶選擇的項目不多，因此同一產品的銷貨量大，與供應廠商的議價空間大，進而降低進貨成本。

⟩ 超低毛利的訂價策略，產業平均毛利為 25%，Costco 毛利卻訂在 7%，若超過 14%，項目經理便必須寫報告說明具體理由。

⟩ 賣場只對會員開放，會員繳交年費，每一次的購物回饋金可折抵年費，因此大多數會員其實是免年費，會員制消費者的忠誠度高、客單價也高。

⟩ 堅持無條件退貨政策，儘管他們知道會被一些客戶濫用。

這就是一個 100% 以客戶為尊的企業，完全站在消費者的立場制定公司營運策略，2021 年全球零售商排名中，Costco 僅次於 Walmart、Amazon，是全球第 3 大零售商，驗證了：低毛利不代表低獲利！

Costco：以員工為本

有些人上班時滿臉笑容，有些人卻是滿臉米田共，心情使然！

許多企業為了提高客戶滿意度，不斷在企業內開啟各項員工培訓課程，更推出微笑運動，希望每一位員工都能以陽光般的笑容來服務每一位顧客，這些措施真的有效嗎？答案絕對是否定的，那是強顏歡笑，皮笑肉不笑！

Costco 是一家以員工為本的幸福企業，將員工視為家人：高福利、高薪資，人人由基層幹起，人人有升遷機會，Costco 提供所有員工一個安身立命成家創業的環境，生活無壓力、工作有成就感，臉上自然洋溢著笑容，這是發自內心的：自信、滿足、快樂！

公司把員工當家人，員工把自己當老闆，老闆當然不會砸自己的招牌，因此人人克盡職責，共同推進企業的成長，形成良性循環，儘管 Costco 是最典型的傳統零售業，企業的獲利、成長卻絲毫不亞於科技業。

「以客戶為尊、待員工如家人」是 Costco 的成功方程式，簡單易懂，但競爭對手卻無法模仿，因為人人都有心魔：「最愛的人是自己！」，因此讓利給客戶、員工是愚不可及的行為。

7-11：便利

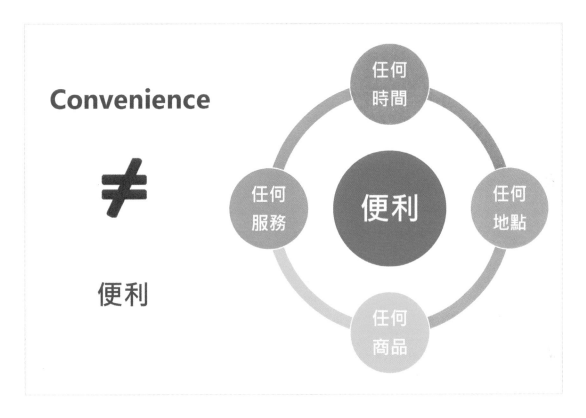

7-11 創立於美國，大規模發展於日本，卻開花結果於台灣：2020 年 6,000 門市、合併營收 2,585 億元、每股稅後盈餘為 9.85 元。

台灣 7-11 的成就歸功於將「Convenience」轉化為「便利」，美國地廣人稀，Convenience Store 是給外出、旅行人員採購日用品的「小型、簡單」商店，到了台灣這個地狹人稠的國家，這樣的經營模式是失敗的，台灣 7-11 慘虧 7 年後，發展出符合台灣消費習慣的「便利」商店。

何謂便利呢？ One-Stop Shopping & Service：

Any-Time	原本 7-11 營業時間為 07:00~23:00，台灣 7-11 採取 24 小時經營模式，創造以下優勢：利用夜間物流運輸、利用夜間生意清淡進行盤點、商品補充。
Any-Place	在都會區中根據人口密度，廣設營業處，各個巷弄間都有便利商店，方便消費者購物。
Any-Product	日用品、飲料、熟食、生鮮、…，甚至連關東煮、烤地瓜、甜甜圈都有，可說是應有盡有。
Any-Service	透過 i-bon 自動化服務站，提供各種稅費繳交、各種票券購買，更提供包裹、信件郵寄，各大電商平台商品配送物流點。

7-11：社區的好朋友

7-11 做的是「社區」的生意，它是商店更是服務站，只要是民眾的需求，就會被納入 7-11 的營業項目，甚至還衍伸出純服務性質的公益活動。

隨著社會型態的改變，多數都是雙薪家庭，外食比例大幅提高，7-11 在早餐時間就有排隊買咖啡的消費者，搭配麵包、御飯糰還可享受折扣；到了中午，各式各樣的便當、涼麵、生菜沙拉，更是一掃而空；到了下班時間，上班族順道買些微波食品、組合式料理盤，回家簡單烹調即可食用。中午、半夜有人需要吃點心、宵夜，購買關東煮、大亨堡更是簡單方便。

對於沒有大廈管理員的社區居民而言，平日的包裹領取是很不方便的，將包裹領取地點指定到社區的 7-11，就不用再請假到郵局排隊取包裹，各種稅費的繳交也可透過 7-11 代收，買各種車票也不用到車站去排隊了，甚至政府紓困方案的五倍券也能在便利商店領取。

7-11 提供文件列印服務，提供報紙、雜誌，又與博客來合作設立暢銷書專區，成為社區居民的精神補給站，還加入社區清潔服務、7-11 店內更開闢兒童閱讀專區，儼然成為社區的兒童託管中心，深入社區→深得民心！

TESLA：科技時尚

TESLA 是智能電動車的代名詞，在全球證券分析師的報告中，TESLA 儼然成為所有新創車廠的挑戰對象，但對比的過程就是一場鬧劇，TESLA 是整個產業的 leader，其他車廠就是 100% 的 follower，一家時時創新技術、不斷顛覆市場規則的全面性發展公司又豈是山寨公司所能企及，以下列出幾項其他車廠無法實施的創新：

大型車體壓鑄機	TESLA 最為人詬病的就是做工粗糙，因為它並沒有汽車製造業長期累積的經驗，但它變更車體部件生產模式，將幾十個小部件整合為一個大部件，採用超大型車體壓鑄機一體成型，大幅減少了組合工序，提高生產效率，更解決為人詬病的做工粗糙問題。
智能駕駛	100 多萬輛 TESLA 在道路上駕駛的同時，不斷收集行駛過程中所有數據，這些資料就是智能駕駛系統自我學習優化的大數據，所以 TESLA 其實是一家軟體公司、人工智慧公司，以傳統車廠的 EPS 去評價 TESLA 就是無知。
時尚	車上 90% 以上的控制按鈕消失了，全部的功能被整合到超大的中控螢幕中，機械式轉化為電子式，所有功能由軟體操控，而更新軟體只要透過 OTA（Over-The-Air 線上更新）即可執行，就如同智慧型手機更新軟體一樣方便。一般商品隨著時間折舊，而 TESLA 卻隨著時間功能越發先進。

TESLA：火星移民

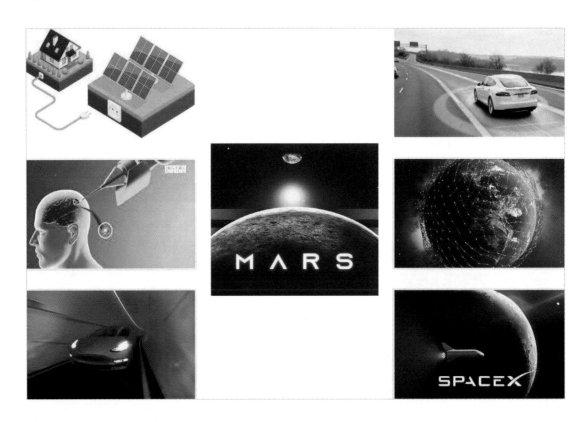

2020 年媒體上出現了一個有趣的命題：全世界的首富們現在正在忙什麼？

中國的 互聯網霸主	Alibaba 馬雲、Tencent 馬化騰正在忙著「被退休」，他們的財富來自於國家政策，當國家政策改變時，這些私人財富便必須歸還黨庫。
美國 科技業巨擘	Amazon 貝佐斯、TESLA 伊龍馬斯克忙著造火箭登火星。

伊龍馬斯克同時擁有：TESLA 電動車、Space X 太空探索公司、Boring Company 地道挖掘公司、Star Link 星鏈計畫通訊公司、Neuralink 腦機介面、SolarCity 太陽能發電公司，以上產業看似風馬牛不相及，但其實都是伊龍為了實現「移民火星」所做的準備。

有理想的人很多，有執行力的人也不少，擁有專業的科學家更是不計其數，但同時擁有這 3 項特質又不貪財的人，可說是鳳毛麟角。但很湊巧的，這樣的企業家都發跡於美國，卻大多是外來移民，為什麼？

教育、法令、民主體制將美國建設為一個公平的社會，有腦袋的、有體力的、有技術的、有財富的、⋯，全球頂尖人才都嚮往移民美國，美國更為這些人才開啟移民大門，按武俠小說的說法，這招就是：「吸星大法」！

習題

( ) 1. 以下哪一個項目，是企業識別的英文縮寫？

    (A) MIS　　　　　　　　　　(B) ERP

    (C) WTO　　　　　　　　　　(D) CIS

( ) 2. 「Just do it！」是哪一個品牌的 Slogan？

    (A) McDonald's　　　　　　　(B) Nike

    (C) Coke　　　　　　　　　　(D) Starbucks

( ) 3. 以下哪一個公司的 LOGO 不是字母、文字類型？

    (A) NASA　　　　　　　　　(B) Google

    (C) Twitter　　　　　　　　　(D) HBO

( ) 4. 以下哪一個公司的 LOGO 不是圖案、抽象類型？

    (A) Apple　　　　　　　　　(B) Google

    (C) Target　　　　　　　　　(D) HBO

( ) 5. 如果想要吸引小孩子或家庭，以下哪一種類型的 LOGO 較為適合？

    (A) 文字　　　　　　　　　　(B) 圖形

    (C) 吉祥物　　　　　　　　　(D) 徽章

( ) 6. 以下哪一種 LOGO 類型，是來自於原始社會氏族部落的圖騰標記？

    (A) 文字　　　　　　　　　　(B) 圖形

    (C) 吉祥物　　　　　　　　　(D) 徽章

( ) 7. 以下哪一個單位，是商標法的主管機關？

    (A) 經濟部智慧財產局　　　　(B) 工業部專利局

    (C) 外交部國際局　　　　　　(D) 經濟部商品檢驗局

( ) 8. 以下哪一個項目是正確的？

    (A) 手機鈴聲不可以申請為商標

    (B) 尤加利氣味不可以申請為商標

    (C) 舞蹈不可以申請為商標

    (D) 私人不可以政府機關名稱申請為商標

( ) 9. 以下哪一個項目，是中華民國商標管理權責單位？

(A) 行政院智慧財產局   (B) 立法院智慧財產局

(C) 科學園區慧財產局   (D) 監察院慧財產局

( ) 10. 本書中「軒尼斯 HENNESSY」的商標註冊範例，屬於以下哪一種類型？

(A) 平面商標   (B) 立體商標

(C) 氣味商標   (D) 雷射防偽商標

( ) 11. 以下哪一個項目，不可以作為個人申請為註冊商標？

(A) 聲音   (B) 氣味

(C) 雷射投影   (D) 政府機關名稱

( ) 12. 以下哪一句成語，是形容品牌所產生的效應？

(A) 兼愛天下   (B) 愛屋及烏

(C) 大公無私   (D) 德澤廣被

( ) 13. 以下哪一個項目，不屬於企業的理念識別？

(A) 鮮明招牌   (B) 大包裝商品

(C) 店內極簡裝潢   (D) 門店開在巷弄中

( ) 14. 以下哪一個項目，不是聯合國「永續發展」企業識別標誌的三個項目之一？

(A) 簡圖   (B) 單色背景

(C) 簡要文字   (D) 配樂

( ) 15. 以下哪一個城市，採用熊讚作為城市吉祥物？

(A) 高雄   (B) 台南

(C) 台中   (D) 台北

( ) 16. 以下敘述，哪一個項目是正確的？

(A) 7-11 的公仔是暢銷主力商品

(B) 麥當勞的遊樂場是以營收為考量

(C) 7-11 的公仔是瞄準婆婆媽媽族群

(D) 麥當勞的企業理念是「將歡樂帶給你」

( ) 17. 以下哪一個項目，是防止商標盜用的最根本辦法？

(A) 科技執法   (B) 嚴刑場罰

(C) 道德訴求   (D) 提高所得

( ) 18. Louis Vuitton 是哪一個國家的時尚品牌？

(A) 義大利　　　　　　　　　(B) 法國

(C) 荷蘭　　　　　　　　　　(D) 英國

( ) 19. 每 4 年一次的世界盃足球賽是全球最大的運動賽事，透過實況轉播全球同時觀看人數高達幾十億人，球賽中的廣告費每 30 秒鐘約為多少錢？

(A) 數百萬美金　　　　　　　(B) 數百萬台幣

(C) 數十萬美金　　　　　　　(D) 數十萬台幣

( ) 20. 以下哪一個國家，是超級品牌大國？

(A) 中國　　　　　　　　　　(B) 美國

(C) 日本　　　　　　　　　　(D) 法國

( ) 21. 以下哪一句話，代表 Apple 的企業精神？

(A) Just do it !　　　　　　　(B) Think Different.

(C) I'm loving it.　　　　　　(D) We move the world.

( ) 22. 賈伯斯認為優秀人才的價值在於？

(A) 天分　　　　　　　　　　(B) 學習

(C) 創新　　　　　　　　　　(D) 管理

( ) 23. 以下哪一個項目，是 Apple 的第一個產品？

(A) iPhone　　　　　　　　　(B) iPad

(C) iWatch　　　　　　　　　(D) Apple II

( ) 24. Amazon 所有的創新都是圍繞以下哪一個主題？

(A) 降低成本　　　　　　　　(B) 快速物流

(C) 產品效能　　　　　　　　(D) 客戶滿意

( ) 25. 有關於 Amazon 飛輪理論的敘述，以下哪一個項目是錯誤的？

(A) 圖的是未來的大利　　　　(B) 降低售價是為了提升銷量

(C) 提升銷量是為了降低進價　(D) 創造出驚人的毛利率

( ) 26.「一鍵下單」技術讓消費者在網頁上、App 上購物後，只要一個按鍵就可以完全免除後續繁雜的金融驗證，請問是以下哪一個公司首創的？

(A) Google　　　　　　　　　(B) Amazon

(C) Apple　　　　　　　　　　(D) Alibaba

（　）27. 以下哪一個項目，是電子商務的核心競爭力？

    (A) 資訊流　　　　　　　　(B) 商流

    (C) 金流　　　　　　　　　(D) 物流

（　）28. Costco 的平均商品毛利率為多少？

    (A) 7%　　　　　　　　　　(B) 14%

    (C) 21%　　　　　　　　　 (D) 30%

（　）29. 對於 Costco 的敘述，以下哪一個項目是錯誤的？

    (A) 幸福企業→以客戶為尊

    (B) 商品毛利高→員工薪資高

    (C) 讓利客戶→企業獲利

    (D) 傳統零售商→獲利媲美高科技產業

（　）30. 以下哪一個項目，是國外便利商店最常用的專有名詞？

    (A) Super Market　　　　　　(B) Fast Store

    (C) Convenience Store　　　　(D) Mini Store

（　）31. 以下哪一項服務，是 7-11 目前沒有提供的？

    (A) 繳交通違規罰金　　　　(B) 列印文件

    (C) 領取藥物　　　　　　　(D) 租用分時會議室

（　）32. 有關 TESLA 的敘述，以下哪一個項目是錯誤的？

    (A) 是智能電動車的代名詞

    (B) 最為人稱羨的就是做工精緻

    (C) 更新軟體如同手機一般便利

    (D) 大型車體壓鑄機大幅減少組合工序

（　）33. 以下哪一個項目，是馬斯克企業王國的終極目標？

    (A) 移民火星　　　　　　　(B) 拯救飢餓

    (C) 對抗疾病　　　　　　　(D) 環保節能

企業總部

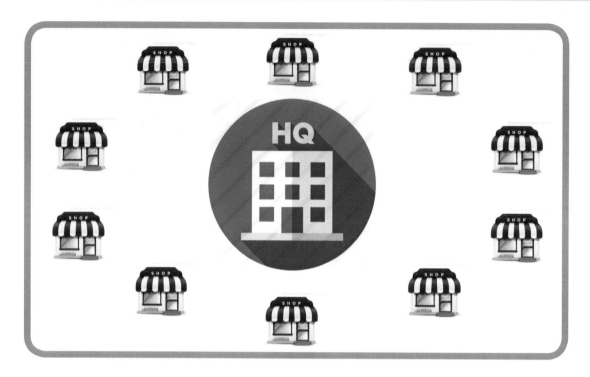

受限於資源的有限性，小企業要成長為大企業通常需要經過漫長的業績成長，但若是可以將自身的商業模式整合、優化，變成一份可以複製的經營模式，那就可以到市場中募集資金、人才。企業總部提供經營模式、整合資源，認同此經營模式的加盟主提供單店經營資金、經營人力；企業總部透過標準化作業，協助加盟主快速展店，並提供完整經營作業流程，不斷擴張的連鎖店產生規模優勢，為企業總部達成快速業績成長。

幾乎每一個產業都走向連鎖加盟的趨勢，但由於產業特性的差異，每一個產業的連鎖加盟型態存在很大的差異性，更由於企業總部經營理念的不同，各個加盟主的經營績效可說是天壤之別。

一個新的商業模式想要蓬勃發展，必須要有健全的法令，做為市場依循的標準，否則：坑、矇、拐、騙的商業糾紛層出不窮，導致企業經營缺乏效率，整體產業發展躊躇不前，市場就只能原地踏步！

創業團隊需具備要素

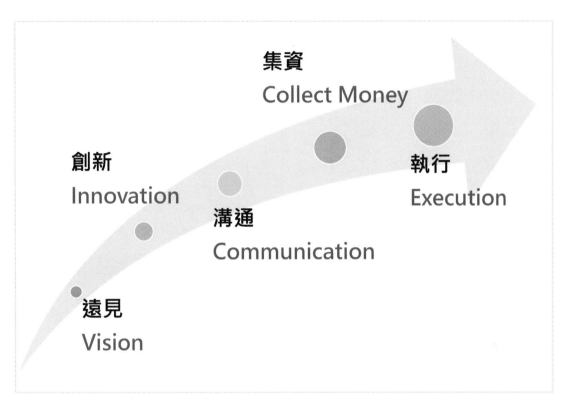

連鎖加盟存在的意義是要將一個商業構想付諸實施，集合社會上的資金、人力，將一個事業做大、做強，因此牽涉的就不只是企業本身，還包含社會上不特定的許多人，一個新創連鎖加盟品牌的成功，筆者認為必須具備以下幾個基本條件：

遠見	日常生活中已經實施的方案對市場是沒有吸引力的，能夠預見未來的需求才能享有「先發」優勢。
創新	成熟商品、服務只能在紅海市場中賺取微薄毛利，也只有創新所產生的差異化，才能創造超額利潤。
溝通	不論是遠見或是創新都是異於常人的思考，要讓團隊成員能夠了解並且由衷奉行，必須有完整且有效的溝通。
集資	錢不是萬能，沒錢卻是萬萬不能，因此好的創業方案必須獲得金主、資本市場的認可，唯有穩健的財務計畫才能確保方案的順利進行。
執行	執行力是企業經營的全方位展現，包括：行銷、商品、財務、研發、人力資源、…，任何一個部門的失誤都可拖垮整個團隊，舉例如下： A. 商品品質瑕疵→退貨率提高→業績下降→資金緊缺→倒閉。 B. 食安事件→公關危機→業績下降→資金緊缺→倒閉。

直營的缺點

企業自行開設分店是業績成長最直接的方法，卻也是最慢的方法，以下是 3 個瓶頸關鍵：

展店資金	快速、大量展業必須有大量的資金，在資金不足的情況下，就只能一家一家慢慢的開展。
經營人才	每一家分店就是一家小型公司，店長就是一個決策的 CEO，人才養成非一朝一夕之功，必須長時間、按部就班訓練、培養。
經營風險	任何經營方案都必須歷經市場變化的考驗，俗話說：「人是英雄、錢是膽」，在沒有充足資金的支持下，任何完美方案都很難撐過景氣循環與無法預期的市場黑天鵝事件。

以上 3 點也是傳統家族企業的經營困境，但台灣有很多小而美的企業，並不迷戀於企業快速成長，反而一步一腳印，穩穩地踏出每一步，例如：全聯福利中心，既不公開上市向市場籌募資金，也不開放加盟。根據 2021 年統計資料，全聯以總營業額 40 億美金在全球零售商排名 247，國內僅次於統一超商。

加盟：企業主的本心

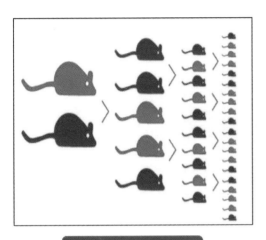

善意

惡意

條條道路通羅馬，不同的個性、喜好選擇不同的道路、方法，但目標都是一致的。

企業為了生存必須獲利，這是天經地義的，企業若只有佛心、一心公益，結果公司倒閉將對不起所有股東、員工，這就是不負責任，所以「獲利→生存」是企業的基本使命。

多數的企業著眼於眼前的獲利，大多希望一夜致富，在連鎖加盟的產業中，很多企業總部就是以大量開放加盟店，以賺取加盟金作為企業主要營收來源，而加盟店的獲利、成敗就不是企業總部考量的重點，因此他們所設計的加盟方案，就是華而不實，以話術來騙取加盟主的信任，品牌做臭了之後，再另起爐灶，重新成立一個新的品牌繼續行騙。

比較股實的企業就會愛惜品牌，由開設直營店開始，以時間換取經驗，更建立可行的加盟經營方案，企業的獲利著眼於：成功加盟店的營運毛利分配，藉由時間的累積，當成功經營的加盟店數達到經濟規模時，企業總部便能開始大規模獲利，不過這樣的歷程大多長達 10 年以上，7-11 引進台灣就先虧了 7 年，徹底融入本土化經營，建立「便利」的社區經營模式後才開放加盟、大量展店，2021 年統計資料顯示，統一超商為國內零售商龍頭，更以 75 億美元於全球零售商排名 142。

加盟：商業模式

| 一次性 | | 經常性 | 規模經濟 | 風險低 |

企業總部開放加盟會產生 3 項收入：

加盟金	這筆收入是一次性的，以便利商店而言，目前國內 3 大連鎖超商，大約都是 NT 30 萬的加盟金，合約期間大約 10 年，以 7-11 而言，全國 6,000 家店、90% 為加盟店，10 年期間加盟金收入就有 16 億，對於小企業而言這是一筆天文數字，對於統一企業年營收達到 2,000 億而言，卻是不值一提的小數。
營業毛利	加盟店接受企業總部的經營輔導、後勤支援、人員培訓、…，因此加盟店的經營成果必須與企業總部做分享，一般是根據營業毛利做為分配的標的，而企業總部對於輔導加盟店的成敗負責，一般也都會訂定每年最低營業毛利金額，以做為保證，因此這是雙向良性的條約。
進貨差價	企業總部整合進貨再分批出貨給加盟店，中間勢必有可觀的差價，此差價的多寡完全取決於企業總部的經營「本心」。

綜合以上 3 項收入可以發現，唯有把品牌做好，讓加盟店真的賺到錢，企業才能賺到大錢。

規模經濟的效益

$$銷售總額 = 數量 \times 單價 \quad 毛利總額 = 數量 \times 毛利$$

上面 2 個公式是企業經營最基本的運算式，在追求最大銷售額（或毛利）時，你的策略是「數量」或是「單價」（毛利），多數人爭的是眼前的交易，因此喜歡每一筆多賺一點，才會提高單價或毛利，但真正的生意人講究的是「薄利多銷」，看重的是「數量」，唯有數量才可能創造巨大的財富。

以統一超商為例，營業額超過 2,000 億後，業績增長 10% 就等於是 200 億營業額，每增加 1% 的毛利就等於多賺 20 億，有了這樣的經濟規模，進貨成本將可透過與供應商的議價大幅降低，物流費用也因為規模經濟而大幅降低，所有的營運績效也因資源整合而提高效率。

更因為經濟規模，各項燒錢的研發計畫得以開展，透過不斷的創新，企業才能與競爭對手產生差異，建立競爭的護城河。例如：統一超商總是領先競爭對手，推出各種創新服務與商品，其背後就是強大的研發、行銷企劃團隊，7-11 門市的生鮮、熟食可以一日三次配送，仰賴的就是強大的倉儲物流系統與團隊，這些都必須以規模經濟為前提，這就是產業發展中「大者恆大」的原理。

📍 規模效益

世界盃足球賽每 30 秒的廣告費高達 500 萬美金，貴嗎？對所有台灣的企業而言，絕對是天價，但對於全球化企業而言，例如：Coke、Budweiser、Pepsi，卻絕對是物超所值，因為這些企業的量體夠大，負擔得起這樣的廣告費。

可口可樂 2020 年營收 330 億美元，若年度廣告預算 1 億美金，也是僅佔營收的千分之 3，若因為這樣的廣告企劃而增加 1% 的營業額，那就是 3.3 億美金，所以這筆廣告費是值得的。

回頭看看國內 8 點檔連續劇、綜藝節目的黃金廣告時段，為何都是賣藥的、賣汽車的、賣保健品的、賣房子的，因為這些產品都需要龐大的研發經費或是固定成本，唯有擴大銷售面才有可能達到損益平衡而後獲利，因此一般企業看似高價的廣告費，對於這些量體大的企業而言卻是九牛一毛，再次試算一下，一款新型轎車的研發經費可能超過數十億台幣，若車子賣不掉，數十億就打水漂了，因此花個幾千萬廣告費根本是小 Case。

亞馬遜飛輪理論

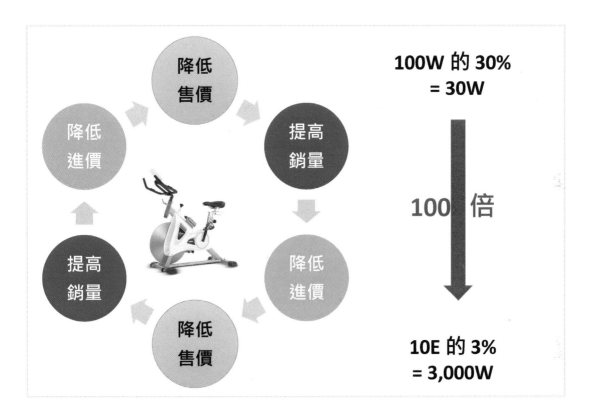

愛賺錢的人只能賺小錢，不愛賺錢的人才可能賺到大錢！

年輕人剛從學校畢業，進入職場找工作，很多人會考慮薪資問題，以目前一般大學畢業起薪 2.8 萬 ~3.5 萬而言，高低之間的差距真的不值一提（對於受生活所迫的人除外），因為這樣的薪資差距不會改變生活的型態，只是每一個月讓自己稍微爽一下而已，年輕人該在意的是：專業技能、工作經驗的養成，10 年後的某一天，天時（經濟景氣）、地利（公司發展）、人和（人際關係）齊備了，無論是內部升職或外部挖角，薪資就是 3 倍、5 倍、10 倍的跳躍。

企業經營也是一樣，犧牲眼前的小利，不斷的培養自己的競爭力，當營業額成長到一定規模後，才是企業真正獲利的開始。上圖 Amazon 的飛輪理論就是經典教案，將經濟規模所產生的進貨降價回饋給客戶，而不是一般人所想的「提高毛利」，這種不喜歡賺錢（小錢）的笨蛋經營策略是沒有人會模仿的，因此 Amazon 沒有競爭對手。

多數人著眼的是如何提高毛利率、而 Amazon 想的卻是擴大營業額，近年來電動車興起，TESLA 身為產業龍頭，客戶訂車必須等待 3 個月，公司發展處於供不應求的絕佳狀態，但 TESLA 居然在一年內連降 7 次價格，2022 年產業分析報告指出，TESLA 的車輛銷售毛利率高達 30%（TOYOTA 毛利率只有 17%），Why？

連鎖發展 3 部曲

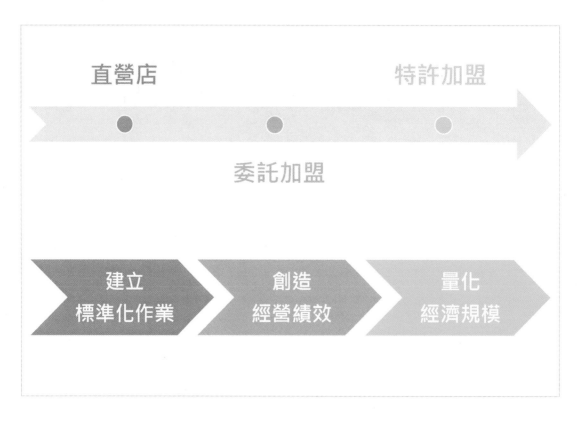

由於產業特性的差異，連鎖加盟衍伸出許多差異化模式，但基本模型就是 3 種：

直營店	由企業總部 100% 出資，並由指派內部員工擔任店長，企業總部對於直營店經營有 100% 的經營、人事主控權，並 100% 承擔營運成果，這是企業總部實施：作業流程變更、經營模式優化的最佳實驗場所。
委託加盟	直營店成立一段時間後，在業績平穩的狀態下，將直營店轉型為加盟店，但只開放給內部培訓完成的店長申請，這是一種內部員工創業機制，加盟所需的創業金、所需承擔的經營風險都大幅降低，企業總部與加盟店共同分擔經營成果，相當於半個直營店，企業總部對於直營店仍有一定的影響力，合約期間一般是 5 年，這也是大規模實施新產品、新服務、新創意的配合場所。
特許加盟	擁有資金、店面（若無既有店面，由企業總部協助評估、挑選、洽租）的個人向企業總部提出加盟申請，總部提供由 0 → 100 的開店規範，包括加盟店長、店員的專業培訓。簡單來說，只要有錢就可申請加盟，盈虧自負，加盟主擁有高度的經營自主權，企業總部扮演的角色就是：協助、諮詢。企業總部能提供的保證只有年度「毛利」總額，至於單店因為管理不善，管理費用偏高所產生的虧損就必須自行負責，這就是企業總部最大的獲利來源。

直營 vs. 加盟

150~250坪：大店直營

20~70坪：小店加盟

管理難度

既然加盟店可以加速展店，達到擴大規模→實現獲利，那為什麼有些產業堅持直營店的經營模式，寧可按部就班慢慢展店呢？

回顧一下近 10 年市場變化…，加盟店展店速度最快的是哪一些產業？飲料店、早餐店、咖啡店、小型便利商店、…，這些店都有一些共同特性：店小（20~70坪）、開店資金小（300~700 萬）、工作人員少（10 人以內）、產品（服務）單純、作業容易標準化，因此成功的模式容易複製。

如果將營業規模變大：早餐店→飯店、咖啡店→西餐廳、超商→大型賣場，那展店資金、管理難度、經營的風險變數都將大幅提升，因此一個標準模型很難套用在其他：地區、商圈、單店、加盟主。

最經典的案例就是：全聯福利中心，每一家全聯福利中心規模是 150~250 坪，展店的資金 10 倍於超商，單店所提供的商品品項 10 倍於超商，作業人員也 10 倍於超商，當所有的經營維度都放大 10 倍後，經營的變數可能就複雜 100 倍，因此一般小型加盟店主所受的培訓很難應對大店管理的複雜模式。

當然世事無絕對，麥當勞經過 70 年的發展，實施高度的作業標準化，如今在全球擁有超過 3 萬家加盟店，可說是加盟產業的不敗神話。

直營 vs. 加盟

直營店跟加盟店最大的差別在於：企業總部對於門店的控制權，王品集團的創始人戴勝益曾說：

王品集團不開放加盟是因為加盟店無法貫徹總部的各項改革方案，例如：總公司要求每 3~5 年餐廳一定得重新裝潢，提供舒適的用餐環境，提升品牌整體質感，但加盟店為了成本考量，往往不願意配合，⋯。

再者，每一家加盟店都有經營自主權，很難時時監控，服務品質良莠不一，單一門店的食安或公安事件都可能對品牌形象產生巨大的傷害。

因此推出加盟店的先決條件是：

A. 嚴謹的加盟合約條款
B. 完整的標準作業流程及輔導措施
C. 可執行的監管方法
D. 強大的法務部門、律師團隊

以上 4 點若無法貫徹實施，加盟店的管理勢必是弊病叢生，品牌崩壞也將是必然的結果。

加盟快速擴張的惡果

衛生問題
2013年：泉州85度店→麵包被老鼠啃食
2015年：桃園85度店→生菌數超標
2016年：福州85度店→三明治中發現活蚯蚓
2018年：上海85度店→奶茶中發現了一節電池

苛扣薪水
2008年：澳洲85度店→32家店薪資違法
2009年：澳洲85度店→違反法定最低工資法令

造假
2017年：上海85度店→銷售的所謂 "肉鬆麵包"
2018年：花蓮85度店→違法更改過期標籤

開放加盟對於企業經營而言是一把兩面刃：

好處	快速擴大市場佔有率，建立品牌，實現獲利。
壞處	一顆老鼠屎壞了一鍋粥…。

上圖就是國內著名西點咖啡連鎖店「85度C」，歷年在各地加盟店所發生的不良經營紀錄，上列問題看起來好像都不一樣，但全部都指向一個共同原因「降低成本」，可能原因分析如下：

⊙ 品牌是企業總部的，節省的成本是加盟店的。

⊙ 加盟店與企業總部就是金錢交易關係，並非同一團隊生死與共。

⊙ 加盟店經營困難，鋌而走險。

⊙ 加盟店缺乏各項法令知識，企業總部輔導不到位。

⊙ 企業總部對於加盟店疏於監管。

新創的加盟品牌多如過江之鯽，最後黯然退場的更是不計其數，為何成功難以持久？古話說：「創業維艱，守成不易」就是這個道理，畢竟創業與管理是兩個完全不同的領域，需要不同的團隊，所以說：「狡兔死走狗烹」，在企業治理中是符合進化原理的。

利潤分享

特許加盟

員工創業
公司投資!
茶飲店福利優

委託加盟

有智慧的人說:「天下的錢是賺不完的,懂得與人分享,事業才能可大、可久」!

筆者身邊的親戚、朋友、同學、同事中不乏聰明人,但真的在人生、事業圓滿的人卻很少,為什麼呢?

⊘ 一般人的聰明是「利己」的小聰明:獨佔 + 掠奪 + 走捷徑

⊘ 成功者的聰明是「利人」的大智慧:分享 + 給予 + 一步一腳印

開放加盟對於企業總部而言,本心是利己或是利人?若是利己,加盟合約的內容就會偏向總部的獲利與保護,請各位讀者花幾秒鐘思考一下,加盟店若發展的不好,他會續約嗎?他會介紹其他人加入嗎?加盟的規模會擴大嗎?以上 3 個問題肯定都是 NO,那企業能賺得到大錢、永久財嗎?答案當然也是 NO。所以利己是小聰明,認真的說就是「愚蠢」,但卻是大多數人的通病!

Amazon 以犧牲毛利來建立消費者的口碑,毛利最低的企業卻創造出最大的獲利,這才是利人的大智慧。企業總部若能真心對待加盟店,亮眼的經營獲利必然是擴大加盟規模的保證,不是不想賺錢,而是把時間延後,犧牲小錢賺大錢、長久的錢。

📍 樹大招風→危機處理

「樹大招風」說的是一種結果，風本來就存在，小樹也招風（萬物都招風），只不過小樹招風的效果不明顯。

在大眾媒體異常發達的今天，好事、壞事都會傳千里，只是知名品牌的新聞具有亮點，因此點閱率、轉傳率特高，容易成為話題，因此負面新聞就可能在一夕之間摧毀品牌。有句俗話「人怕出名豬怕肥」，但反過來說「只有庸才不招忌」，成功、出名是所有個人、企業的奮鬥目標。

上圖中 3 個事件都發生在連鎖加盟飲料業，有食安問題、公關問題、政治問題，事件發生當下都重創品牌形象，許多平日排隊的名店，瞬間變成門可羅雀，這時候便考驗企業公關團隊應變處理能力。所謂養兵千日用在一時，多數的「小」老闆認為不需要養一堆閒人，完全沒有買保險的觀念，認為平時用不到就是浪費，公司規模小的時候養不起公關團隊，當企業規模變大了，觀念卻沒有成長，仍然101 招「勤儉持家」，等到危機發生了，面對新聞媒體、消費者的尖銳質疑，代表公司出來回應的居然是個二百五，然後怨天尤人，最後總結就是：社會上壞人很多、時運不濟、記者都是流氓、…！

企業開放加盟後，建立強大的法務部門是勢在必行，企業規模大了，品牌值錢了，危機公關人才更是基本建置！

商業模式

百貨公司內真正的經營者是各個專櫃，而專櫃不屬於百貨公司，百貨公司經營的是賣場：一棟漂亮的建築物、內部賣場的裝潢、動線設計、警衛保全、清潔維修、收銀、行銷、…，除了銷售以外的事情全部都歸百貨公司。

百貨公司提供的是：良好的購物環境→口碑→品牌，藉此吸引許多品牌企業入駐設立專櫃。同樣一個商品，消費者會選擇自己所喜歡的百貨公司購買，因此儘管百貨公司內的品牌大同小異，但業績卻有天壤之別，這就是百貨公司「品牌」的差異。所以百貨公司也是一個連鎖加盟的體系，本身就是企業總部，例如：SOGO 百貨，賣場內的所有專櫃都是加盟主，例如：KATE 化妝品專櫃，這些專櫃用的是百貨公司的：品牌、賣場、服務。

近幾年來，許多傳統行業漸漸放棄獨立開店的經營模式，轉而以進駐百貨公司的方式展店，因為專櫃營業人員只需要專注於銷售，其他狗屁倒灶的事全部由百貨公司解決，例如：開店前，百貨公司清潔人員已完成所有清潔工作；關店後，百貨公司保全負責商店、商品的安全。除此之外，百貨公司所提供強力的集客效果，例如：百貨公司內的鼎泰豐，顧客在登記取位後就可利用等待時間逛逛專櫃、買買東西，鼎泰豐不用再費心費力管理門口塞爆的饕客，更不用處理隔壁商家與樓上住戶的抱怨、投訴，鼎泰豐隔壁的櫃位還能因此生意鼎盛。

與供應商的策略結盟

筆者小時候常聽到同學說:「單挑」,兩個同學互看不爽就一對一決鬥,在商場上的決鬥就文明多了,叫作「競爭」,但也陰險多了→結盟「群毆」。

一家店是幾個人的群體,一家企業可能是超過百人的群體,一個產業可能是幾萬人的群體,我們每一個人都生活在不同的群體當中,而能夠「群策群力」的團體最終才能勝出!

「群策群力」如何解讀呢?這些成語都是我們從小由教課書上學來的,就是背一背應付考試,因為小學老師們多半純潔無瑕、涉世未深,因此教授這些成語時都是逐字解釋,例如:「群:群體,策:謀略、方案,力:執行」,卻很少提供精彩的生活案例,「林」老師(我)就來補充一下:

前一段時間我偶然在全聯買到一包東門蜜餞的無子李,太好吃了,帶去美國分享給家人,一致讚不絕口。我回台灣後就再度前往全聯大肆採購,結果:缺貨,我跑了其他的零售店也都缺貨,直接打電話跟東門蜜餞訂貨的回覆:「這款商品我們只提供給全聯,請 x 月 x 日後全聯購買」。

供應商不會只跟一家經銷商做生意,但可以某一種、某一系列熱門商品,與某一經銷商互相綁定,成為策略聯盟。在此案例中,全聯與其他連鎖經銷體系有了差異、區別,東門蜜餞與全聯以無子李這個產品建立了結盟關係。

自有品牌

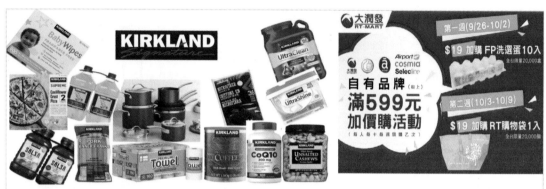

「價格」永遠是競爭最有利的工具，我們生活中 99% 的事、物是不變的，每天會發生變化的事情不到 1%，對於這些不變的「事」，我們追求的就是「效率」，對於這些不變的「物」，我們追求的就是「價格」。

Amazon 的飛輪理論：降低售價→提升銷量→降低進價→降低售價→…。若轉換一個思維，在達到經濟規模的情況下，商品可否由自己生產，或者掛上自己的品牌，所謂肥水不落外人田，既然客戶都是我的，銷貨量又達到經濟規模，那就自己生產，達到：「供→銷」一體化，對於成本、品質的控制就可以更上一層樓。

國內外零售賣場都一樣，商場內的商品越來越多自主品牌，一開始是生活日常用品，消費者對於這種消耗品，最大的吸引力是「價格」，當消費者對品牌信賴度進一步提升後，食品→生鮮→化妝品→…，所有的商品都有可能貼上自主品牌，就能更進一步與競爭對手產生差異化。

自主品牌商品來源有 2 個：

自行設廠生產	這個可能性不高，因為隔行如隔山，企業發展應專注於本業。
委託生產	將商品生產委外，企業只負責制定商品規格、品質管控，這是比較務實的方式。

POS 系統

企業總部要對所有連鎖加盟店提供服務，就必須時時掌握每一家連鎖店的資訊，包括：商流、資訊流、金流、物流。目前所廣泛使用的工具便是 POS（Point Of Sale，銷售點系統），平常我們在各式賣場、商場所看到的「收銀機」就是 POS 系統的前台系統。

所有賣場內的交易都透過收銀機輸入系統，例如：購買 3 包無子李，經過條碼掃描後收銀機螢幕上顯示每一包 89 元、3 包共 267 元，消費者以手機掃描後，直接銀行帳戶扣款 267 元，並獲得累積消費點數，這是我們在收銀台所經歷的步驟，我們稱為前台作業。

其實收銀機背後還有一連串的作業，例如：無子李的資料（條碼、價格、折扣、供應廠商、…），便是由後台系統在進貨前所建立的，前台完成 3 包無子李掃描後，後台系統同步在庫存帳上完成出貨動作，企業總部也及時掌握所有銷售點的庫存資料，並自動對供應商發出採購單，這時物流系統啟動，上圖中所有流程作業都是同步進行。

台灣各大超商的 POS 系統在商品結帳時，透過掃描商品條碼便會自動進行過期品檢核程序，自動阻絕過期品的販賣。

POS →庫存→物流

在人工作業時代，每一個賣場都必須依靠盤點來確認庫存數量，根據庫存數量及安全庫存量設定來決定：下單時間、商品訂購數量。人工作業耗費大量人力、時間，遇到銷售旺季由於人力調度吃緊，常常無法執行確實的盤點作業，因此時常出現以下問題：

- ◇ 補貨不及→暢銷品缺貨
- ◇ 滯銷品未能及時發現、即時處理
- ◇ 商品管控不良，發生遺失、盜竊情況
- ◇ 對於有時效性的商品，無法確實執行先進先出作業程序，造成報廢品增加

以上問題，透過整合性資訊系統：POS →倉儲管理→採購系統→驗收系統，就可達到：自動、即時的管控效果。整個系統除企業總部、連鎖店，更包含上游供應商、物流配送體系，是整個供應鏈的整合。

電子商務時代所有的競爭都指向「速度」，服務除了要「好」更要「快」，要追求速度，有幾個層面要克服：自動化→作業流程整合→供應鏈整合→ AI 人工智慧導入。Amazon 的物流配送領先整個產業，就是採用 AI 人工智慧，成功預測消費者需求，提早進行商品的庫存轉移。

POS →大數據→ APP 行銷

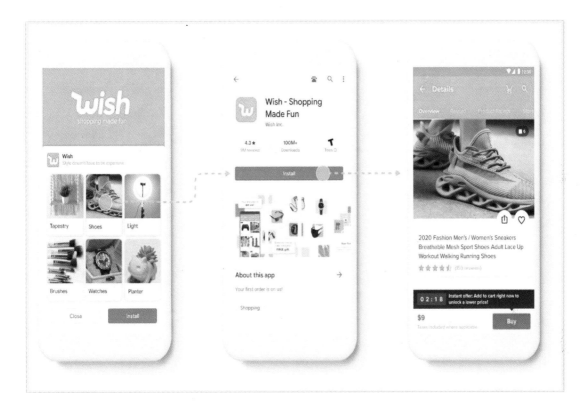

POS 系統蒐集連鎖店所有客戶交易資料，形成一個龐大的資料庫，最基本的應用當然就是日常作業：倉儲管理、應收應付帳款、…。

上面提到 POS 系統的成效只是提高工作效益、降低營業成本，並無法做到：開創新商機→增加營業額。其實 POS 系統所收集的資料庫是無價的寶藏，資料中包含消費者：需求項目、消費週期、消費喜好、…。

我們一般所收到的商品 DM 都是無差異式的，無論消費者是誰→統一版本，商家只想賣出手中的庫存品，或是只能推出手上既有的強力商品，根本不理會消費者到底需要什麼？因此是一種一廂情願的垃圾 DM，絲毫沒有行銷效果，只有瞎貓碰到死耗子的機運下才能勉強賣出一些商品。

行動商務時代，人手一支手機，電子化 DM 可以達到每一個客戶完全量身訂做，根據消費者過往消費紀錄，提供顧客：商品推薦、採購提醒、新品試用、Coupon（優惠券），如此便可有效提高客單價。

利用資料庫所形成的大數據，更可提供企業整體的營運調整資訊：哪一類的商品有成長趨勢？哪一區有特殊商品需求？什麼時段哪一類商品最暢銷？哪一些商品彼此有關聯性？這些資訊都直接影響到企業整體資源配置，甚至影響每一賣場的日常作業方式。

APP 整併通路

連鎖商店的基本優勢就是以「結盟」增大「量體」，量體變大後就產生：資源共享、統一進貨、標準化作業、…的效益。目前談的是同一個產業結盟，如果是跨產業的整合、結盟又會產生什麼效益呢？

上圖是統一集團的企業版圖，仔細看會發現，真是食衣住行無所不包。在實體商務時代，一個集團下的各個子公司互相拉抬的效益並不高，因為賣場的空間、人力都是有限的，因此各忙各的，只有在集團總部的要求下，偶爾配合演出大團結的行銷方案。但在行動商務時代，一個 APP 可以整合集團下所有子公司，完全沒有空間、人力的限制，一個消費者進入集團入口 APP 之後，可以完成一站式購物的便捷，更可享受一路打折、優惠的購物快感，所有子公司的消費點數都可累積，單一子企業的客戶可以為集團下所有子企業共享，充分創造出相互加乘的效果。

百貨公司之所以興起，是因為「集市」的效果：商品、服務多元化，以人潮來創造錢潮，APP 就是在線上完成「集市」的效用，讓同一個集團下的所有子企業形成一個市集。

大數據→商圈定位→商品管理

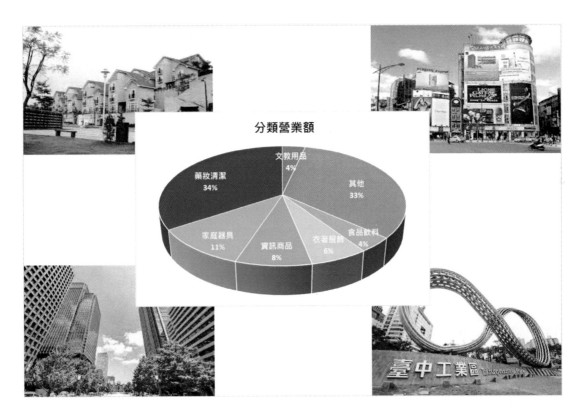

政府在進行都市規劃時，會將一個城市拆分為數個區域，各自執行不同的效用，例如：辦公區、商業區、觀光區、工業區。由於設定的功能不同，各區域的活動人口也完全不同，消費行為更是天差地別，因此在每一個區域開設連鎖店之前，必須先根據大數據進行商圈定位，接著才能進一步實施商品管理。

⊘ 案例一：非 24 小時營業的便利商店

由於辦公區、捷運站深夜時段並沒有活動人口，因此便利商店已開始改變 24 小時經營的鐵律，目前 7-11 有超過 400 家門市並非 24 小時經營，內湖科學園區內辦公大樓的萊爾富門市，假日也不營業。

⊘ 案例二：工業區的便利超商

工業區內地廣人稀，活動人口大多數都是藍領工人，客單價偏低，區內店租便宜，一線品牌如 7-11 進駐意願低，因此工業區成為三線品牌的 OK 便利超商的天下。

⊘ 案例三：辦公區的便利超商

辦公區的白領、粉領有一些共同的消費需求：外食、簡餐、咖啡，目前 7-11 在辦公區內的普遍現象：上班前排隊買咖啡；中午時段排隊買便當、飯糰、沙拉（水果）；當辦公大樓關閉後，所有人都消失了，便利商店也關店了。

產學合作

在連鎖加盟體系下，追求的就是大量、快速展店，新的店就需要新的店長、新的工作人員，人員培訓需要時間、成本，職場新人的流動率相當高，因此一般的企業對於新員工的培訓大多採取保守的策略。

學校是傳授知識、技能的地方，在台灣教育體系分為：通才教育（普通高中、普通大學）、技職教育兩個體系。技職教育就是以「職業訓練」為主體，希望學生在學校就能完成入職所應具備的專業、實作能力，進入職場後企業主不需要再次對新員工實施培訓，例如：餐飲系學生畢業前就應該取得廚師專業證照，進入飯店工作後，只要花一小段時間熟習環境與裝備即可獨立作業、展開工作，大幅降低企業主的培訓成本。

企業需要什麼樣的人才、專業技能呢？目前各個高職、科大都與產業界攜手合作，將專業師資引進校園，更邀請專業人士共同參與課程規劃，多數科大更與企業合作，共同推行職場實習計畫，例如：3+1 方案，大一至大三在學校修滿學分，大四直接進入企業實習，實習期滿也同時取得學位，企業若滿意學生的表現，學生也滿意公司的福利，實習期滿的學生將能夠直接在原崗位上繼續工作。這樣的產學合作計畫，能大量提供企業所需人力，更降低企業因新人離職率高所產生的人事培訓成本，對於學校、學生、產業來說，是個 3 贏的方案。

企業興學

台灣早期的職業學校（高職）大多是由企業興辦，為什麼呢？因為工廠找不到具有技術的熟練工人，藉由興辦職業學校，培養自己所需要的專業勞工。因此職業教育發展良好，為台灣在 1966 ～ 1980 年的「世界工廠」地位奠下深厚的根基。然而台灣經濟發達之後，文憑主義高漲，大家只想當辦公室白領，技職教育被嚴重扭曲，加上高等教育政策錯誤，更發生 7 分進大學的新聞，經過 20 年的教育產業調整後，台灣技職教育才漸漸回到了正確的軌道。

企業競爭的背後其實是以人才為後盾，好的：產品、作業流程、行銷方案、…，都是仰賴優秀人才的：創意、發想、實驗、執行、…，市場上有一句老生常談的話：「XXX 行，為什麼我們不行？」，差異就在於人才。王品集團下各個品牌發光發熱，為什麼王品集團會有這麼多創意、這麼多人才？風水好、祖墳冒青煙…，當然不是！是因為王品願意培養人才，提倡幸福企業的理念，更提供企業內創業的方案，因此激勵所有員工發揮創意，並留在企業內發展。

全家是國內第 2 大連鎖超商，多年來緊咬著 7-11，為了企業的長久發展，在企業內部開辦完整的教育訓練課程，這是一個沒有 KPI 績效的方案，卻是影響全家 10 年後發展的種子！企業開辦在職訓練代表的是企業經營的決心，更提供員工升遷的職涯路徑，員工心安了、方向有了，個人願意跟隨企業一同成長的意願就高了。

資金融通

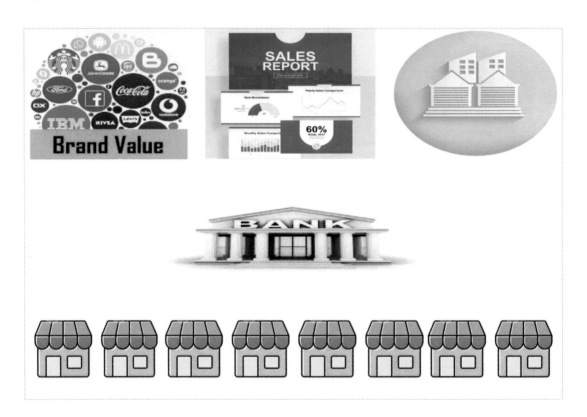

早一輩的企業家拿著 007 手提箱，走南闖北全球搶訂單；後一代的企業家專注企業管理，毛利成為決勝關鍵。現代企業家人人築夢，一份亮麗的企畫書包裹著燒錢計畫，創新成為了當代企業顯學。

Covid-19 來了，許多商家、企業倒了，唯一的原因就是「沒錢付帳款」，只能宣佈倒閉。企業發展的過程中，無論有多麼崇高的理想、偉大的計畫，若無法掌控現金流，倒閉是必然的結果。7-11 引進台灣之初，先虧了 7 年，還好有一個富爸爸（統一集團），否則早就出局買單了。誠品書局賠了 15 年才開始獲利，我只能說吳清友先生說服金主的能力一流，這兩個企業之所以偉大，筆者歸納出 2 個關鍵因素：

創新	7-11 賣「便利」、誠品賣「文化」，這在創業當下都是超越消費者認知的，是屬於未來世界，因此必須不斷修正商業模式，等待經濟成長、消費者成長，這樣的真知灼見在市場上根本沒有競爭者。
籌資能力	在創新的過程中，所有的努力都在「燒錢」，只要資金無法及時供給，就會破產倒閉。失敗人常說「時不我予」，錯了！市場上從來就不缺創意，缺的是創新計劃的執行力，而籌資才是執行力的唯一保證。

習題

（　）1. 以下哪一個項目，是新商業模式蓬勃發展最關鍵的因素？

    (A) 充沛的資金　　　　　　　(B) 創新的技術

    (C) 優秀的人才　　　　　　　(D) 健全的法令

（　）2. 以下哪一種能力，是企業經營的全方位展現？

    (A) 遠見　　　　　　　　　　(B) 執行

    (C) 溝通　　　　　　　　　　(D) 創新

（　）3. 採取哪一種連鎖經營方式，企業的成長速度最慢？

    (A) 直營　　　　　　　　　　(B) 委託加盟

    (C) 特許加盟　　　　　　　　(D) 自願加盟

（　）4. 以下敘述，哪一個項目是錯誤的？

    (A) 「企業一心公益」應獲的所有人支持

    (B) 多數的企業著眼於眼前的獲利

    (C) 「獲利→生存」是企業的基本使命

    (D) 成功的連鎖企業著眼於規模經濟所產生的利潤

（　）5. 以下哪一個項目，不是企業總部開放加盟會產生 3 項收入之一？

    (A) 加盟金　　　　　　　　　(B) 營業毛利

    (C) 進貨差價　　　　　　　　(D) 顧問費

（　）6. 以下哪一個項目，是經濟規模的效益研究的重點？

    (A) 毛利　　　　　　　　　　(B) 數量

    (C) 售價　　　　　　　　　　(D) 成本

（　）7. 有實力負擔 8 點檔連續劇、綜藝節目的黃金廣告時段的企業，是因為該企業具有以下哪一項特質？

    (A) 企業知名度高　　　　　　(B) 企業資金雄厚

    (C) 企業體量大　　　　　　　(D) 企業有新產品要推出

（　）8. 以下有關 Amazon 飛輪理論的敘述，以下哪一個項目是錯誤的？

    (A) 企業達到經濟規模後才是獲利的開始

    (B) 笨蛋經營策略是沒有人會去模仿的

    (C) 提高毛利率是企業獲利的最佳途徑

    (D) 不愛賺錢的人才可能賺到大錢

( ) 9. 以下哪一個項目，是連鎖加盟 3 部曲的正確順序？

(A) 委託加盟→直營店→特許加盟

(B) 直營店→委託加盟→特許加盟

(C) 直營店→特許加盟→委託加盟

(D) 特許加盟→直營店→委託加盟

( ) 10. 以下哪一個項目，是加盟店可以快速展店的基本要素？

(A) 財務透明化   (B) 人才培訓方案

(C) 利潤中心制   (D) 作業標準化

( ) 11. 以下哪一個項目，是直營店跟加盟店最大的差別？

(A) 總部對門店的控制權   (B) 加盟金的高低

(C) 毛利分配的成數   (D) 融資貸款的比例

( ) 12. 以下哪一個項目，是企業開放加盟最主要的考量點？

(A) 提高獲利   (B) 快速成長

(C) 穩健經營   (D) 造福社會

( ) 13. 根據本書內容，以下哪一個項目是利人的大智慧？

(A) 獨佔   (B) 掠奪

(C) 走捷徑   (D) 分享

( ) 14. 連鎖品牌遇到食安問題、政治事件時，最需要哪一種能力來度過難關？

(A) 標準化作業   (B) 自動化作業

(C) 危機處理   (D) 雲端大數據

( ) 15. 以下哪一個項目不是百貨公司的主要經營業務？

(A) 商品   (B) 服務

(C) 品牌   (D) 賣場

( ) 16. 在本書內容中，東門蜜餞與全聯策略結盟的產品，是以下哪一個項目？

(A) 芭樂乾   (B) 無子李

(C) 蜜餞   (D) 芒果乾

( ) 17. 以下哪一個項目，是好市多的自有品牌？

(A) Carrefour   (B) Costdown

(C) purify   (D) KIRKLAND

（　）18. 以下哪一個項目，是 POS 系統的中文名稱？

    (A) 銷售點系統　　　　　　　　(B) 櫃員機系統

    (C) 營業管理系統　　　　　　　(D) 庫存管理系統

（　）19. 對於台灣連鎖超商業務的敘述，以下哪一個項目是錯的？

    (A) 高度實施自動化

    (B) 供應鏈達到高度整合

    (C) 尚無法管制誤賣過期品

    (D) 可預判消費者需求

（　）20. 連鎖經營企業，要對每一個客戶發送客製化 DM，原始交易資料來自於以下哪一個系統？

    (A) POS　　　　　　　　　　　(B) AMZ

    (C) ERP　　　　　　　　　　　(D) MIS

（　）21. 以下哪一個項目，是連鎖商店進行跨產業整合的最佳利器？

    (A) DM　　　　　　　　　　　(B) APP

    (C) 網頁　　　　　　　　　　　(D) 社群

（　）22. 以下哪一種類型的區域，便利超商開始不提供 24 小時營業模式？

    (A) 商業區　　　　　　　　　　(B) 住宅區

    (C) 觀光區　　　　　　　　　　(D) 辦公區

（　）23. 以下哪一個項目，不是產學攜手合作中參與的主要成員？

    (A) 廠商　　　　　　　　　　　(B) 學校

    (C) 學生　　　　　　　　　　　(D) 教育部

（　）24. 以下哪一所學校不屬於技職體系？

    (A) 致理　　　　　　　　　　　(B) 崑山

    (C) 銘傳　　　　　　　　　　　(D) 東南

（　）25. 以下哪一個項目，是企業倒閉的最終原因？

    (A) 缺技術　　　　　　　　　　(B) 缺資金

    (C) 缺人才　　　　　　　　　　(D) 缺管理

加盟端

不適應辦公室生活

小資想發財

在窮苦的年代，多數人生活的目標就是填飽肚子，生活穩定、有保障就是一種幸福。隨著經濟的發展，多數人不再為生活所苦後，開始對穩定的工作感到不滿足，常見的理由如下：老闆很煩、同事很討厭、薪資很低、沒前途、…，所有對工作不滿的理由中獨缺自我的檢討。筆者年輕時也生過這種病，後來仔細一想：「公司這麼差＋老闆這麼爛，為何人家公司一樣賺錢？反倒是我一直換工作，也不見得有長進…」。

不喜歡吃人頭路，又不能沒事幹，家裡或自己手上又有一些小積蓄…，那就自己當老闆吧！自己創業後才發現：萬事起頭難、隔行如隔山，當老闆很神氣，天天3點半跑銀行很洩氣，那怎麼辦呢？

有人已經創業成功了，但只是小小的成功，想要快速擴大營業規模，更希望成為業界龍頭，但他缺錢、缺人。此時，前途茫茫又想要改變現狀的你，是否可能一拍即合成為事業夥伴呢？這就是目前火熱的「連鎖加盟」議題。

就業 vs. 創業

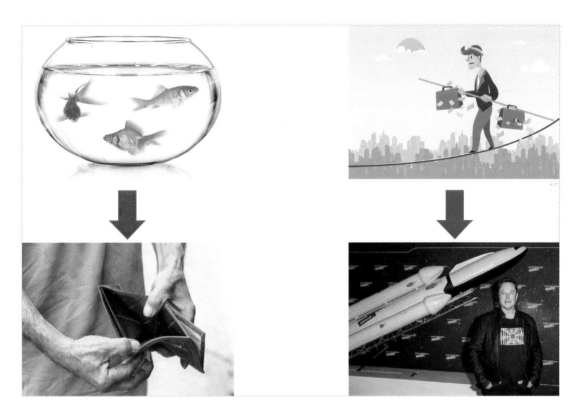

「就業」簡單來說就是討生活，至少 99% 的人符合這種說法，固定的工作、固定的思維、固定的環境、固定的薪資、⋯，生活中難得出現 1% 的變化。有人說：這是一種保障，更是一種幸福，公務人員就是這種典型的代表，請注意觀察，每當經濟風暴發生時，企業倒閉、失業率竄高時，公職人員招考就擠破頭，雖然薪資並不高，發展也有限，但⋯穩定、穩定、穩定！

有個性、有想法、不受教、說不得⋯，這種人注定就只能去當老闆、自己創業，然後⋯，歡喜做甘願受，沒有同事可以抱怨了，也沒有老闆可以嫌棄了，最多只能怨天⋯，但抱怨的時間只能每天 3 分鐘，因為當老闆就得安排每天開門 7 件事：柴米油鹽醬醋茶⋯。

「創」代表著：改變或無中生有，也就是說既有的經驗是不足以借鏡的，必須冒險、更必須學習、還必須付出代價，若代價過高、失控就可能粉身碎骨，因此多數人對於「創業」多半就是：想想、說說，卻很少毅然投入。無家累的人，創業失敗就是爛命一條；有一家老小要養的，失敗就代表全家得顛沛流離。

目前世界首富伊龍馬斯克，也在創立 Space X 太空探索公司過程中，歷經資金枯竭面臨倒閉的險境；中國電動車首發企業「蔚來汽車」，在風光上市掛牌後，也曾遭到資本市場的遺棄，差一點就下市了。

創業存活率

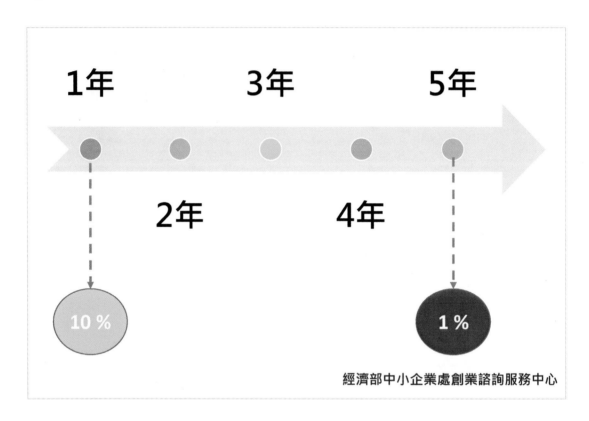

經濟部中小企業處創業諮詢服務中心

大家都說創業有極大風險，但極大到底是多大呢？

根據台灣經濟部中小企業處所發布的統計資料：

- 新設立公司 1 年內沒有結束營業的只有 10%，也就是 90% 倒閉了。
- 新設立公司 5 年內沒有結束營業的只有 1%，也就是 99% 倒閉了。

7-11 燒錢燒了 7 年，誠品書店燒了 15 年，TESLA 成立 20 年後才真正實現獲利，越大的夢想需要越長久的堅持與韌性：

堅持	再戰再敗，再敗再戰，不會因為失敗而動搖自己的信念，懷疑自己的計劃，甚至把失敗當成「成功」的媽媽，在失敗後認真檢討原因，修正後繼續前進。
韌性	人是英雄、錢是膽，沒有資金做後盾，無法從供應商進貨，更發不出員工薪資，「堅持」就是一句空話，那多少資金才夠呢？筆者有一個同學，年輕時獲得老爸遺產 2 億，不到 5 年燒光了，對於創業的人來說，多少錢都是不夠的，因為有越多的錢就搞越大的事業。創業者需要的是「說服金主的創業方案」，在各個階段引入不同管道的資金，讓活水不斷流入，才能為新創企業不斷續命，直到商業模式獲得市場認同。

人格差異

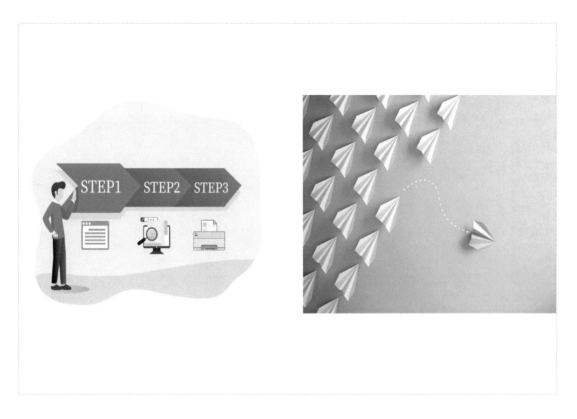

市場是自由的，賺錢的生意就會有新的競爭者加入，賠錢的生意就會有人退出，隨著科技的發達，資訊傳遞的速度越來越快，某一家廠商因為先發優勢所能獨享暴利的期間也變短了，市場上天天上演的戲碼就是：競爭！

如何由市場競爭中脫穎而出呢？首先要做的就是差異化：不滿足→改變→創新，要賺到錢就必須與競爭對手有所不同，地點不同？商品不同？服務不同？進貨價格不同？銷售價格不同？哪些差異是可以感動消費者的？這些都需要經營者仔細觀察：市場、消費者、政府法令、…，然後評估自身的資源、優勢，制定策略方案，最後付諸實施。

當一名員工時，天天執行固定的任務，接觸同樣的人，說一樣的話，多數人（99%）的行為、思考模式就這樣長久被固定下來。舉例來說：當學生時被教導「聽老師的話」；進職場後被要求「執行長官的命令」。多數人被教育成「做好自己」的性格，絕對不會挑戰權威、堅持己見，雖然報章雜誌上也常見針貶時事的評論，但多半是書生論政，罵了半天卻提不出解決問題方案。但經營者需要的卻是「執行力」。

社會現象

台灣在歷經了經濟奇蹟的年代後，民間蓄積累了大量財富，雖然經過 20 年的經濟轉型期，民間資金依然十分雄厚。由都會區中商店林立，並且快速替換就可驗證游資豐沛的現象，尤其是 5、6 年級生，他們可能承接上一代的財富，也可能生逢盛世賺到財富。

人有錢之後自然希望下一代能有更好的生活，加上亞洲人特有的「萬般皆下品，唯有讀書高」的文化，取得高學歷幾乎成為培養子女的唯一方案，因此台灣又創造出另一個奇蹟：7 分考上大學（能呼吸的就可進大學），小小的台灣居然設立超過 150 所大學。有人戲稱：「碩士滿街走，博士如翏狗」，結果當然是學歷、文憑不值錢，因此很多大學生渾渾噩噩混完四年，畢業了…也失業了！

當然有錢的爹娘又出現了：「那就出錢開個店，讓兒子、女兒當老闆吧！」，下場當然是倒閉收場，店面空下來後又立刻有另一對：寶媽＋媽寶，承租店面再開新店。無經驗自行開店的代價是高昂的，嗅覺敏銳的商人嗅到商機了，「開店當老闆速成方案」、「完整輔導方案」、「開店保證獲利」、…，筆者有一年到世貿展覽中心去參觀「連鎖加盟暨創業大展」，場面浩大人聲鼎沸，但多半是家長帶著剛大學畢業的「小孩」一同前往，事事都由家長出面：洽談→諮詢→簽約，這樣的「小孩」適合當老闆嗎？有錢不是罪惡，以錢當飼料來餵食小孩才是罪惡！

優質企業開放加盟原因？

俗話說：肥水不落外人田，有錢當然是自己賺，哪有笨蛋會無故分給他人，所以連鎖加盟會出售「必勝密技」的原因只有兩個：

奸商：賣密技賺錢，騙完了這一個、再找下一個，反正天下的笨蛋是騙不完的。

殷商：集眾人之力把餅做大，產業做大才能賺到大錢。

開 1 家店一年淨利 100 萬很開心，開 10 家店每一家淨利 30 萬開心否？開 1,000 家店每一家淨利 10 萬開心否？

勝利方程式：【總獲利＝開店數量 x 每家淨利】

　1 家店總獲利＝1 x 100 萬＝100 萬

　10 家店總獲利＝10 x 30 萬＝300 萬

　1,000 家店總獲利＝1,000 x 10 萬＝10,000 萬

大智慧的殷商表面上是「讓利」給加盟主，實際上是找人幫他擴張市場，憑一己之力是無法在短時間內展店 1,000 家的，缺資金、缺經營人才，因此邀請加盟主們作為事業夥伴，除此之外，加盟主更是共同分攤經營風險的夥伴，能夠發揮「連鎖」的穩定作用。

加盟 = 偽創業

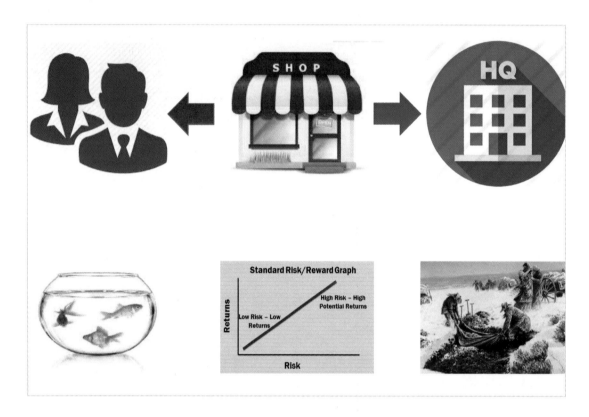

無論在學校或是在職場總是有人問：「有沒有捷徑？」、「有沒有更簡單的方法？」、「有沒有速成的絕招？」，多數人都是好逸惡勞的！參加連鎖加盟體系時，這樣的毛病絕對是更加嚴重，希望能夠不要付出就可輕鬆獲利：躺著就能賺錢，當然；很多廠商就會推出滿足加盟主「幻覺」的輕鬆賺錢加盟方案。

開店準備金高、加盟金高、經營風險高，這 3 高可能就會嚇退多數的加盟主。但說的卻是實話，輔導培訓時間長、管理監督期間長、投資回收時間長，這 3 長是企業總部對加盟主的負責體現，這樣的方案卻不會受到市場的青睞，同樣的原因：不勞而獲、好逸惡勞！

筆者常常問學生，你希望畢業後薪資多高？有人回答 5 萬、7 萬、20 萬…，我都會再問一句：「憑什麼？」。原始的創業模式就是「白手」起家，但太苦了、成功機率太低了，因此選擇了一個「寶媽」（企業總部）來協助「媽寶」（加盟主），在企業總部呵護下的加盟店，在保溫箱中被「育成」，這樣的開店當老闆就缺少了「創」，因此加盟店的獲利非常有限，加盟條件也完全由企業總部訂定，加盟金的多寡、獲利的分配皆由企業總部說了算！

10 年加盟合約期滿後，重新簽約？換一家同業加盟體系？換一家異業加盟體系？無論如何…，都要重新再來，因為品牌不是你的！

肥了企業→瘦了加盟主

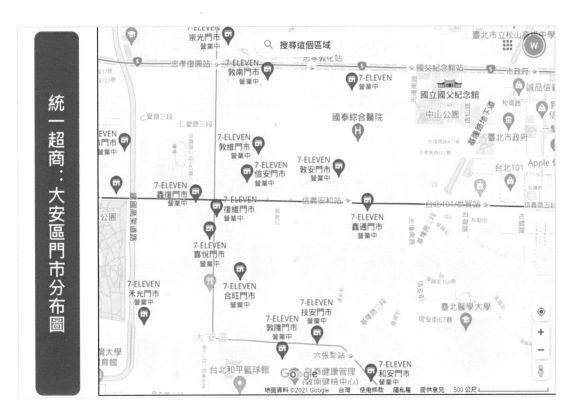

統一超商：大安區門市分布圖

企業經營分為 2 個層次：長期願景、短期績效。孰重孰輕呢？對於企業的創始人、大股東而言，或許可以堅持長期願景，因為身為最大股東有任性的權利，但 CEO 若只是專業經理人，多半遷就短期績效，因為關係到：下一任的聘書、年終的 Bonus；對於中階主管更是如此，短期績效好就升官，幾年後弊病出現了就由後續接手的人承擔責任，這也是公司治理採取 KPI 制度的通病。

連鎖加盟體系中，企業總部與加盟主應該是生命共同體，企業總部理應照顧加盟主，讓加盟主可以賺錢，生意才能做大，但生意如果做大了，而且加盟主也賺多了呢？看看目前熱門都會區中，每一條馬路、巷道都好幾家超商、飲料店，而且還是同一加盟體系，看看上圖：7-11 在台北市大安區的分布，這種情況下，加盟店真的能賺到錢嗎？充其量就是餓不死而已。

更惡劣的情況是，新開發社區的初期人口密度低，加盟主入駐後經過 3~5 年的苦撐，居民變多了，生意轉好了，企業總部就在附近又開設直營店或開放新加盟店，就是拿加盟店當砲灰，撐過了艱困期，確定獲利後再來割韭菜，短期經營績效自然大幅提高，但長期下來企業品牌蒙羞，這就可解釋為何「富不過三代」，創業時期共患難→發展時期相扶持→豐收時期割韭菜。

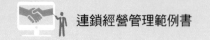

個人願意支付加盟金的原因？

加盟主支付加盟金給企業總部合理嗎？企業總部的 Know-How 在哪裡？以下就以連鎖便利店為例：

品牌	在消費者有選擇的情況下，品牌是左右消費行為的關鍵因素之一，筆者的習慣是：有 7-11 的地方就不會考慮其他品牌，品牌黏著度高（環境、商品的熟悉感）。
商品	便利商店表面看起來差不多，但經營方式卻有很大的差異，尤其在商品規劃上，7-11 是第一大品牌，目前已朝向多元化經營，導入高毛利、異業整合，在人流鼎沸的商業區、捷運站出口大量展店，專攻上班族群，例如：美妝用品、暢銷書，就是目前 7-11 新開發的 2 個異業結盟專區。
作業	店面清潔、商品擺設、商品盤點、訂貨、商品入庫、過期商品處理、商品折扣、POS 系統操作、咖啡機操作（故障排除）、…，所有作業都必須經過培訓，所有作業都有 SOP（標準作業流程），讓加盟主縮短了學習摸索期。
資源	物流、金流、資訊流、行銷方案、商品開發、…，這些都是單一店家難以獨立作業的，企業總部的資源整合降低了加盟主的各項費用。

5 種創業失敗人格特質

連鎖加盟也是一種生意，販賣的商品是「創業希望」。加盟主在選擇加盟方案時，一般都願意選擇「簡單」、「保證」、「絢麗」的方案，大多自我催眠，只要繳了加盟金，把店開起來後請一些工讀生，自己就是日進斗金的老闆了！但…，現實總是殘酷的！加盟條件中企業總部一般都只保證最低「毛利」，毛利要轉變為淨利就需要：用力→用心，與原先的構想「出個錢、出張嘴」就能當老闆完全是兩回事。

再小的店都需要管理，若無法實際投入商店的運營，缺乏對商店全面的了解，哪來的管理方案？以下就是 5 個失敗加盟主的特徵：

經常抱怨	只出一張嘴、怪東怪西，完全沒有解決問題的能力。
自以為是	不相信專業、不遵守 SOP，亂搞一通。
急功好利	投機取巧、貪圖暴利，為商店經營帶來極大風險。
小題大作	遇事衝動、沒事找事，破壞店內團隊合作氛圍。
貪小便宜	違約進貨、苛刻薪資，造成食安、公安事件。

一家成功的加盟店中，最卑微的工作人員一定是加盟主自己。

加盟條件

加入連鎖加盟體系首先要投入資金，資金分為 3 個部分：

前期投資	加盟金、房屋押金、店面裝潢、機器設備，這都是在開店前必須投入，而且不會回收，一般企業總部都會提供簡易概算表給加盟主參考。
日常營運	店租、薪資、水電瓦斯、進貨應付帳款、雜費，這是每一個月都會產生的支出。
預備金	營業收入當中除了部分現金外，其他的收入都需要一定的期間才能轉入銀行帳戶內，因此加盟主必須保有預備金來因應日常收支的短缺，最嚴重的是無法預期的天災、人禍，例如：Covid-19 全球肆虐，多數實體商店來客數嚴重縮減，若無豐沛的預備金，多數實體商店都撐不過困境。

加盟店營業後便會產生營業收入，但獲利部分是必須與企業總部進行分拆的，請特別注意，是毛利而非淨利！因此加盟主應經過仔細的試算，企業總部所提供的概算資料都只能當成參考，加盟主應在簽約前實地進行市調。筆者的建議是：要選擇品牌，因為值錢品牌是以時間累積出來的，不會因為想騙取加盟金而坑殺加盟主。

全家：委託加盟

加盟金	加盟金30萬元(未稅) ◆草約金10萬元(教育訓練費) ◆開店準備金20萬元 (商標使用及開店相關費用)
保證金	現金60萬元
店鋪裝潢費	公司負擔
契約時間	五年
利潤分配	營業總毛利(銷貨毛利+其他收入總額) 35萬元以內 — 42% 35-50萬元間部份 — 43% 50萬-65萬元間部份 — 45% 65萬元以上 — 30%

委託加盟：企業將營業中的直營店轉型為加盟店，但只開放內部員工加盟。

上圖是全家便利商店委託加盟的基本資料，共分為 5 個重要單元：

加盟金	這是一次性費用。
保證金	屬於押金性質，合約結束後退回。
店鋪裝潢費	因為原本就是已經營業中的直營店，因此沒有裝潢費的問題。
契約時間	由於是現成的店，各項經營績效穩定、投資回收期較短，所以合約時間只給 5 年。
利潤分配	採取級距式，以下我們分別以 4 個營業總毛利進行試算

總毛利	42% （35 萬以內）	43% （35~50 萬）	45% （50~65 萬）	30% (65 萬以上)	分配毛利合計
300,000	126,000	-	-	-	126,000
450,000	147,000	43,000	-	-	190,000
600,000	147,000	107,500	45,000	-	299,500
750,000	147,000	172,000	112,500	30,000	461,500

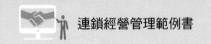

全家：特許加盟

加盟金	加盟金30萬元(未稅) ◆ 草約金10萬元(教育訓練費) ◆ 開店準備金20萬元 (商標使用及開店相關費用)
保證金	現金60萬元
店鋪裝潢費	170萬元起(視實際施工坪數而定)
契約時間	十年
利潤分配	營業總毛利(銷貨毛利+其他收入總額)*65%
年度最低毛利保證	新台幣262萬元 (經營補助金適用店年度最低毛利保證為310萬元) (經營補助金不適用店為特殊商圈、非24小時店、1FC-F、強化特約店)
經營支援(補助期間依全家公告)	◆ 主動到店報廢補助 ◆ 全店商品部分負擔報廢補助

特許加盟：成立一家新的店，所有不特定個人都可申請加入。

加盟條件中與委託加盟有差異的部分說明如下：

店鋪裝潢費	由於是新開設的店面，因此必須重新裝潢，160 萬只是一個參考值，裝潢工程是由全家全權負責：規劃 + 施工，加盟主沒有討價還價的空間，更無法指派自己的廠商施工。
利潤分配	採固定分成比例 65%，必須負擔大筆的裝潢費用，因此分成比例遠高於委託加盟。
年度最低毛利保證	企業總部擔負店址評估、經營輔導的責任，因此提出相對的保證以獲取加盟主的信心。有了這樣的保證後，若加盟主用心、用力經營，一方面增加營業額，另一方面降低管理費用，自然可創造出淨利潤。

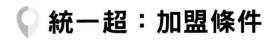

統一超：加盟條件

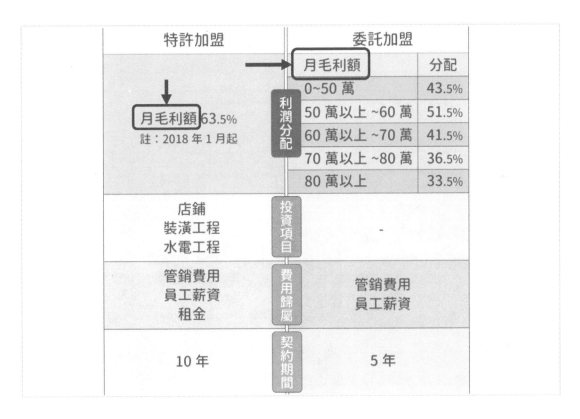

	特許加盟		委託加盟	
利潤分配	月毛利額 63.5% 註：2018 年 1 月起		月毛利額	分配
			0~50 萬	43.5%
			50 萬以上 ~60 萬	51.5%
			60 萬以上 ~70 萬	41.5%
			70 萬以上 ~80 萬	36.5%
			80 萬以上	33.5%
投資項目	店鋪 裝潢工程 水電工程		-	
費用歸屬	管銷費用 員工薪資 租金		管銷費用 員工薪資	
契約期間	10 年		5 年	

上圖是統一超商的加盟條件，與全家便利超商作比較，差異如下：

⟩ 大同小異
⟩ 毛利分配比例有些微的差距

以下是筆者要跟大家分享的心得：

　　以上的數字都是表面的。連鎖加盟的商品多半由企業總部提供，因此每一樣商品的毛利率設定也是由企業總部決定，店長若能根據商圈消費習慣用心觀察，適當調整商品類別才有可能提高整體毛利，配合企業總部的行銷活動，用力推廣活動商品，便能創造高的營業額。

　　筆者住家附近的 7-11 是一家特許加盟店，裡面的工作人員都非常 nice，但其中一位更是積極主動推薦各項商品優惠組合，對於筆者這種不注重生活細節的人就有相當的影響，例如：買 A 搭 B、買咖啡的 2 杯半價、…，有人順口推薦，筆者就順手多消費，有一次在等咖啡時跟店員聊兩句，她說：「這家店是老闆、老闆娘一同經營的，全店最努力的員工就是他們兩位…」，原來我說那位最積極推薦優惠商品的就是「老闆娘」。

結論：唯有堅強的創業決心、持之以恆的服務熱誠，才是開店獲利的保證！

丹堤咖啡

加盟辦法
加盟金：30萬元 保証金：30萬元 契約期間：三年以上 力支援費用：2~5萬元
店面軟硬體投資金額： 30坪左右約 345萬元
其他投資金額： 房屋租金 押金 5%營業稅

丹堤咖啡是一家發展較早的西式咖啡、簡餐連鎖加盟店，全台灣的規模大約是 60 家連鎖店，近年來發展受限，目前已被賣煎餃的八方雲集併購。

咖啡簡餐店一般開在商業區或高級住宅區，店租都不太便宜，提供的商品服務分為兩大部分：簡餐、飲料，空間寬敞氣氛不錯，提供無線 WI-FI 網路，不同區域的門店有不同的客群：

商業區	早上 7 點開門，上班族多購買早餐帶進辦公室，中午用餐時間生意很好，平時更是提供商業洽談的好場所，晚上 8 點關門。
住宅區	晨運結束的長輩們喝咖啡聊是非的好去處，個人工作者的活動工作場所，學生們假日 K 書的好去處，一對一語言教學的活動教室。

近年來受到兩個產業的夾擊：

便利超商	提供熟食、咖啡、座位，吃掉了辦公區簡餐需求的市場。
連鎖咖啡	提供優質手沖咖啡，配合便利的外送服務，商業洽談又可回到辦公室。

由於市場的競爭劇烈，所有的企業無不朝多角化經營發展，7-11 逐漸大型化、全聯逐漸都會化，兩家企業居然快變成市場重疊的競爭者，八方雲集併購丹堤咖啡後，是否以後變成吃煎餃配咖啡呢？ Who knows？

加盟：管理流程

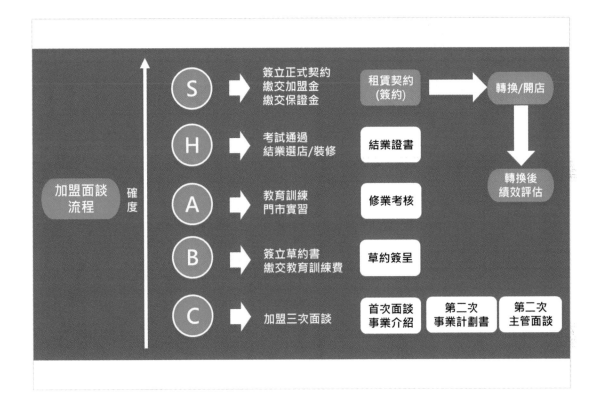

連鎖加盟體系所提供的是「按圖施工→必定成功」的承諾，這個承諾是否會實現無從得知，但由上面的「加盟面談流程」圖，可一步一步驗證成功的概率：

3 次面談	先做足功課，在 3 次面談中一一提出市場調查的疑慮，並評估企業總部給予的方案是否合情、合理。
簽訂草約	繳交訓練費確立雙方合作的開始，重點在於確認教育訓練內容，以及訓練完成後該具備的能力。
教育訓練	門市實習是這個部分的核心項目，藉由實際的市場觀察、實際作業程序演練，進一步核實企業總部提供方案的可執行性，結訓時若無獨立經營的把握，建議進行止損的決策，切莫抱著「再試試看」的苟且心態。
結業選店	選店時切勿著急，地點不適合、商圈不適合，都會是日後經營失敗的致命傷。
正式簽約	繳交加盟金、保證金，確認雙方正式結盟關係。
績效評估	總部根據日常作業視察、營收結果進行的評估，並給予改進建議，這時就務必尊重專業，不要自以為是、剛愎自用。

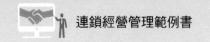
四大超商特許加盟比較

	統一	全家	萊爾富	OK
加盟金	30萬	30萬	30萬	10-30萬
保證金		60萬		
裝潢費	180萬	180萬	70-150萬	70-120萬
契約期間	10年	10年	7年	5年
毛利保證	262萬	262萬	240萬	210萬
利潤分配	62%	65%	80%	80%

台灣 4 大超商特許加盟條件差異性並不大，分析如下：

⊙ 統一、全家為領導品牌，店面規模一般較大，店內商品、服務較為多元，因此無論是裝潢費、店租、設備的投入都較大。

⊙ 由於統一、全家的投資額較大，因此契約期間也較長：10 年。

⊙ 由於統一、全家的總部支援、資源較為豐沛，因此利潤分配中總部的分成也較高，加盟主的分成就較低。

⊙ 萊爾富、OK 為末端品牌，展店偏向郊區，店面較小、店租較便宜、商品服務也較簡單，因此前期資金投入較少，日常經營費用也較低，因此毛利保證也相對偏低。

⊙ 萊爾富、OK 總部所能提供的支援、資源較少，因此利潤分配中總部的分成也較低，加盟主的分成就較高。

習題

( ) 1. 以下哪一個項目，不是一般人參加連鎖加盟的理由？
　　　　(A) 白手起家　　　　　　　　(B) 發財
　　　　(C) 當老闆　　　　　　　　　(D) 不適應辦公室生活

( ) 2. 以下哪一種職業，在經濟不景氣時，會成為多數求職人的最佳選擇？
　　　　(A) 科技研發　　　　　　　　(B) 公職人員
　　　　(C) 餐飲從業人員　　　　　　(D) 工廠作業員

( ) 3. 根據台灣經濟部統計，新創企業的 5 年存活率約為多少？
　　　　(A) 30%　　　　　　　　　　(B) 10%
　　　　(C) 5%　　　　　　　　　　 (D) 1%

( ) 4. 以下哪一種人比較適合當老闆？
　　　　(A) 喜歡碎唸的人　　　　　　(B) 規矩聽話的人
　　　　(C) 成績好的學霸　　　　　　(D) 有想法的執行者

( ) 5. 台灣除了經濟奇蹟外，還有以下哪一項奇蹟？
　　　　(A) 高科技　　　　　　　　　(B) 高薪資
　　　　(C) 高顏值　　　　　　　　　(D) 高學歷

( ) 6. 以下哪一個項目，是書中所說勝利方程式的關鍵因子？
　　　　(A) 利潤分配比例　　　　　　(B) 分店數量
　　　　(C) 每一家門市獲利　　　　　(D) 加盟金的高低

( ) 7. 筆者在書中質疑參加連鎖加盟是「偽」創業，最根本的原因是以下哪一個項目？
　　　　(A) 無法擁有品牌　　　　　　(B) 總部輔導不夠專業
　　　　(C) 失敗風險太高　　　　　　(D) 投入金額太大

( ) 8. 對於公司治理採取 KPI 制度的敘述，以下哪一個項目是正確的？
　　　　(A) 著重長期績效　　　　　　(B) 有助於企業永續經營
　　　　(C) KPI 是年終獎金的重要指標　(D) 是一種十分完美的制度

( ) 9. 以下哪一個項目，不是企業總部對加盟店所提供的主要服務？
　　　　(A) 品牌　　　　　　　　　　(B) 標準化作業流程
　　　　(C) 商品、服務創新研發　　　(D) 融資服務

( ) 10. 連鎖加盟也是一種生意，以下哪一個項目，是它所販賣的商品？

    (A) 安定生活   (B) 發大財

    (C) 創業希望   (D) 生活目標

( ) 11. 以下哪一個項目，是加盟店與企業總部利潤分配的計算基準？

    (A) 營業額   (B) 淨利

    (C) 毛利   (D) 固定比例

( ) 12. 以下哪一個項目，是經常性費用？

    (A) 加盟金   (B) 員工薪資

    (C) 店鋪裝潢費   (D) 房屋押金

( ) 13. 以下哪一個項目，是特許加盟指定的開放對象？

    (A) 工讀生   (B) 內部員工

    (C) 資深店長   (D) 不特定個人

( ) 14. 有關統一超商特許加盟店的利潤分配，以下哪一個項目是正確的？

    (A) 按照營業額固定比例分成

    (B) 按照毛利額固定比例分成

    (C) 按照淨利額階梯式比例分成

    (D) 按照毛利額階梯式比例分成

( ) 15. 有關丹堤咖啡的敘述，以下哪一個項目是正確的？

    (A) 是傳統咖啡廳   (B) 以販賣咖啡豆為主業

    (C) 是一個聊天的好處所   (D) 近年來快速展店

( ) 16. 以下哪一個項目，是連鎖加盟作業流程中，確認雙方正式結盟關係的關鍵步驟？

    (A) 簽訂草約   (B) 結業選店

    (C) 正式簽約   (D) 績效評估

( ) 17. 針對台灣 4 大超商的比較，以下哪一個項目是錯誤的？

    (A) 7-11 為領導品牌

    (B) 7-11、全家的契約期較短

    (C) OK、萊爾富的企業總部分潤較低

    (D) OK 的前期投入最低

店長

店長就是 CEO，店長就是「小」老闆，必須對這個店負全責，台語有一句俗語：「校長兼撞鐘」闡述的最貼切。

「店」就是一個經營個體，可說是麻雀雖小五臟俱全。店長與大集團的 CEO 在工作職能上沒有任何區別，差異的部分在於經營個體的規模，大企業可以達到專業分工，因此 CEO 只需做決策；而小店因為人手簡單，因此店長必須身兼數職，大玩角色扮演。

大企業的 CEO 雖然只需進行決策，但…，決策的根據為何？雖然有資訊系統提供資訊，有幕僚提供建議，但最後仍需 CEO 做最後的決策；而決策的最終依據就是長時間累積的「經驗」，也就是由小職員一路幹到 CEO 的養成教育。

台灣八點檔連續劇老是出現 20 多歲的集團總裁，開口就是幾十個億的生意，真是鬧劇！店長的決策、擔當就是 CEO 養成教育的起點，多重角色扮演更是經驗的累積，很多職場新鮮人都希望一進職場就擔任「企劃」工作，不懂市場、不懂客戶、對商品更不熟悉，那如何企劃呢？又要企劃什麼呢？務實一點，由現場工作人員開始職場人生吧！

店員到店長

古時候當學徒必須歷經三年（一般而言）才能出師，出師後才能被肯定為具有專業技能的「師傅」，店長的養成教育也需要三年，期間必須經歷以下 4 個階段：

店務	商品上下貨架、店內清潔維護、客戶應對進退、…，熟悉所有店內發生的人、事、物。
產業	關心所處產業的發展近況，例如：7-11 店員應該關心全家、全聯、…，競爭同業的最新動態：新促銷活動、新的服務、新的商品、…，並比較彼此的差異與優劣。
商圈	觀察所屬社區的商情變化，例如：人口變化、交通設施的改變、公共設施的變化、新店開張（舊店倒閉）、…，舉凡會影響商圈生意的發展或資訊都應密切注意。
管理	前面 3 個階段是對人、事、地、物的認識，而管理是要對人、事、地、物的變化採取應對策略。例如：信義商圈舉辦跨年晚會，今年氣溫驟降，預估將會有大批人潮快速湧入，商圈內便利超商決定拆掉自動門，以加快顧客人流速度。這絕對不是突發奇想，而是歷年來的商圈經驗，加上對自動門結構的了解所做出的決策。

用全身接待顧客

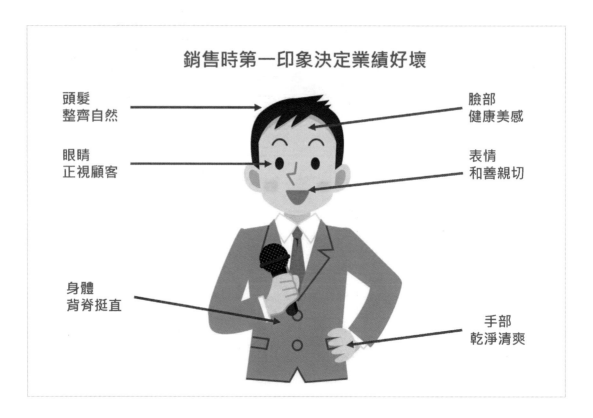

銷售時第一印象決定業績好壞

頭髮
整齊自然

眼睛
正視顧客

身體
背脊挺直

臉部
健康美感

表情
和善親切

手部
乾淨清爽

曾有一位媽媽帶女兒去餐廳用餐，順便機會教育女兒：「要用功讀書，要不然以後就跟這位姐姐一樣，只能端盤子！」，端盤子的姐姐親切的告訴妹妹：「我現在是政治大學三年級學生，利用暑假半工半讀賺取自己的學費」，狠狠打臉世俗的價值觀！

服務人員代表公司的門面，越來越多的企業對員工的服飾制定統一規定，就連最傳統鬍鬚張魯肉飯都有統一制服，7-11、麥當勞、中華航空都有漂亮的制服，更誇張的是：「有些學生在升學選校時居然是挑喜歡的校服」，可見儀表的重要性，而儀表是多元的表現：

- 漂亮的制服穿在挺直的脊背上，給人精神煥發的印象。
- 一張乾淨、陽光的臉，掛著親切的笑容，就會給人產生莫名親切感。
- 正視客戶的雙眼，給人誠懇的感覺。
- 清潔的手指，給人安心、細膩的質感。

「職業無貴賤」不是一句口號，首先來自於從業人員本身的「專業」，藉由專業散發出「自信」，而後自我要求產生「自重」，鼎泰豐的服務生起薪 4 萬元，越來越多的餐飲業走向精緻飲食，而優質的服務員更是精緻飲食的最佳綠葉。

店長的關鍵數字

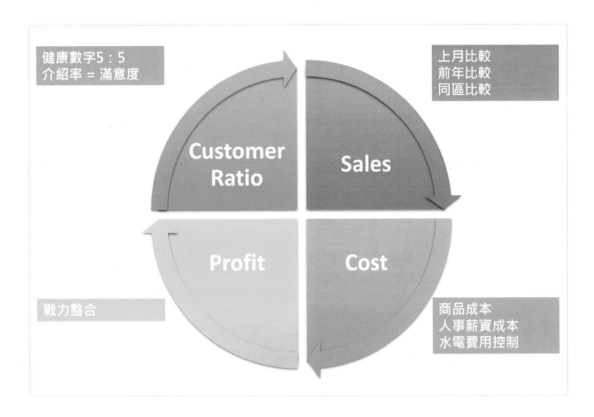

一個店長除了管控每日的營運，更需要具備由統計數字來發現問題的能力，以下是店長必須隨時掌控的 4 個關鍵數字：

業績 （Sales）	每一個行業都有淡季、旺季，因此業績並不是一個絕對值，必須跟上個月做比較，更必須跟去年同期做比較，有時業績突然產生劇烈變化，更必須與同業或同商圈的商家做比較。
利潤 （Profit）	不同的商品、服務有不同的利潤率，促銷品的利潤低、專賣品的利潤高，同樣的營業額由於銷售品項不同，對於利潤會產生很大的差別，因此店長必須關注商品利潤率的配置。
成本 （Cost）	成本主要由 3 大項目所構成：商品、人事、費用，每一個行業都會有一個平均值，高於平均值就表示需要關注，例如：商品成本偏高，表示進貨管道出問題，人事成本偏高表示工作沒效率。
客戶比例 （Customer Ratio）	市場競爭是激烈的，消費者的天性就是喜新厭舊，因此今天若無新客戶，明天就沒有舊客戶，掌握舊客戶是基本功，開發新客戶才能主動出擊。

好店長該具備的 7 個角色

要懂銷售，更要會帶人！

經營目標的 **執行者**

問題的 **協調者**

士氣的 **激勵者**

工作成果的 **分析者**

員工的 **培訓者**

營運和業務的 **控制者**

賣場的 **指揮者**

店長的 7 大工作指標：

業績達成	指揮店內員工達成業績目標，並滿足顧客需求。
激勵士氣	時時激勵員工保持高昂的工作熱情，讓員工具備責任心、進取心和使命感。
問題協調	具備愛心與耐心，在遇到狀況時，無論對上級的報告、給下屬的指令、跟顧客的溝通都做到忠實傳達，協調好各種關係。
賣場指揮	賣場服務人員的安排，商品的配置與陳列規劃，刺激顧客的購買欲望。
員工培訓	時時充實自己的實務經驗及相關技能，更要不斷地對員工進行訓練，提高經營水準。有時必須適當授權，培養下屬獨立工作的能力。
營運控制	對日常營運與管理業務進行控制：人員排班、商品進出、現金管理、銷售計畫以及地域商圈經營等等。
成果分析	店長得具有計算、理解統計數據的能力，以便即時掌握門市業績，進行合理的目標管理。

店長：例行工作

門市區經理例行工作

店長任務繁雜，隨時需要角色扮演，因此必須例行時間管理，否則就會如同無頭蒼蠅一般，忙中出錯。

店長的工作可分為 3 大類：

管人	店員招募、培訓、安排值班表這些都是例行性工作，可以安排在每日離峰時間進行，對於突發事件的處理，事後應詳實記錄，並與員工分享處理經驗，建立標準處理程序。
管物	進貨、盤點、商品上架，都是例行性工作，都可安排每日固定時段執行，透過管理報表，調整店內商品項目及貨架商品配置，這類的管理工作同樣是安排在離峰時間。
管事	巡視店內每一個角落，發現問題並安排解決，逛一逛商圈，留意人潮變化，留意開張、關張的商店，留意政府、商圈節慶活動、公共建設對商圈的影響，這個部分用「心」比用力重要。俗話說：「生意人的小孩難生」，指的就是具有觀察環境變化能力，進而創造商機的「生意人」是萬中選一！

案例：商圈經營

永康街冰館

● 名人推薦
● 廣播電台放送
● 鼎泰豐觀光客加持

寧夏夜市疫情「微解封」

● 單邊攤商營業
● 得來速外帶型態服務

有人潮才會有錢潮。熱門商圈店租貴，因為人潮多，商圈內各家店的生意就容易做。Covid-19 來了，永康商圈是全台北市受創最嚴重的，因為永康商圈被塑造為國際觀光商圈，國際旅客是商圈的主力客源，但國門封鎖後，客源消失了，許多店因此關張，當然店租也如自由落體下降。

疫情期間，寧夏夜市是台北市第一個微解封的夜市，為何微解封可以成功讓人潮回流？商圈管理委員會扮演重要角色，委員會積極整合商家，訂定疫情期間營業規範：

　⊘ 排定值班表，商家們輪流營業，降低商圈內人口密度。
　⊘ 馬路兩側只開放單邊營業，另一邊為外帶等候區，避免人群混雜。

井然有序的管理辦法讓寧夏夜市重現商機，傳統夜市的管理未必「傳統」，而精華區內的永康商圈卻還身陷泥淖無法脫身，再一次驗證「海水退潮時，就會發現誰在裸泳」。

早期永康街由路邊攤轉變為商店街，也歷經過一段蕭條期，當時的「冰館」以芒果冰為主力商品，藉由名人加持及廣播電台的放送，炒熱整個永康商圈，逐漸由地區性商圈轉變為觀光商圈，大批國外觀光客推高了商圈物價並成為商圈內的主要客群，但 Covid-19 阻絕了國際觀光客，商圈也死了。

案例：社區參與

社區是由居民與商家共同營造的，生活機能佳的社區，入住率就會提高、房價就會漲，居民多了，社區內的生意自然就好做了。然而何謂生活機能呢？分為 3 個層次：

設施多	學校、公園、車站，解決社區內：就學、交通問題。
商店齊	各式各樣的商店，可以滿足社區居民：衣、食、住所需。
環境佳	公園、休閒、養老、托嬰場所，提供社區居民安心幸福。

環境佳這個部分是軟實力的展現，有公園，但乾淨整齊嗎？有里民活動中心，但有人管理嗎？有街道走廊，但暢通嗎？這就是社區的「質」感。

隨著經濟的成長，社區居民對於環境的要求也愈加重視，社區內的商家也漸漸投入社區關懷的活動，跟居民的生活緊密結合，以服務來推動居民生活所需。以7-11 為例，超商內幾乎提供衣食住行所有需求，在店內設置用餐區、兒童閱讀區，更提供學童臨時安全保護措施。有人說買房子最重要是挑「鄰居」，而社區內所有的商家就是我們的好「鄰居」。

18 般武藝

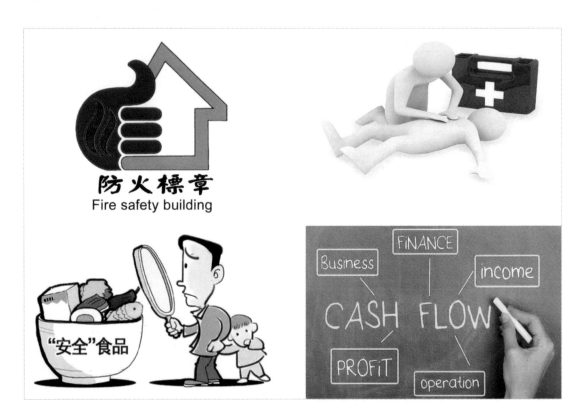

身為店長必須是具備 18 般武藝的高手，更必須上得了廳堂、下得了廚房，而不只是動動嘴、動動腦而已。以下是店長必備的幾項專業技能：

營業報表	一家店的財務管理不是只有現金流，存貨、應收帳款、應付帳款，這些都是現金的加減項目，因此店長必須要能看懂財務報表，再來就是管理報表，營業額、毛利率、客流量、客單價，這些動態數據的增減時時反應著市場的變化。
公安處理	地震、火災在台灣是最常見的意外災害，店內的定期消防檢查是否合格？消防通道是否隨時保持暢通？消防器材是否堪用？員工是否接受過公安災害應變訓練？一旦事故發生，店長可能就是第一責任人。
食安處理	商人貪利是天性，因此黑心食品、過期食品充斥於市面上，一旦某商店賣出問題商品，產生的後果是最嚴重的，企業商譽、品牌一夕崩壞，這就是典型的「一顆老鼠屎壞了一鍋粥」。因此店長在商品進貨、上架時，必須嚴格把關，更必須利用管理報表，進行商品有效期限的管控，隨時下架過期商品，並對即期商品進行管理。
急救訓練	一旦店內客人或員工產生意外，在救護車到達前必須對傷患施以急救，因此店內員工必須要具備基本急救知識、技能。

客訴處理

一樣米養百種人,服務不可能做到面面俱到、滴水不漏的境界。一旦客訴發生了,若在實體店面,將對店內其他消費者產生干擾,並因此散播出去;若在網路上發生,輕者給予店家負評,若得不到滿意回應,更有瘋狂消費者在網路上四處散播,因此客訴處理是所有第一線工作人員必須修煉的「技能」與「修養」。

技能	處理客訴是一種技能,需要學習更需要經驗,企業總部更應歸納、整理常見客訴問題,並制定標準處理流程,讓第一線員工平時就可學習,遇到狀況時更可從容應對,進而提出解決客訴的方案,最後平息客訴,甚至獲得客戶的掌聲與信賴。筆者有 2 句話跟讀者分享:「嫌才是客」、「危機就是轉機」,激情的奧客在獲得滿意服務後,轉身一變就會成為熱情的狂粉,因此擺平一個難搞的客戶,勝過對 10 個成功的一般客戶行銷。
修養	一般人處理客訴喜歡:「講理」,當比較嚴重的客訴發生時,消費者是嚴重不滿的,在盛怒之下「講理」就是在指責客戶「沒理性」,是一種提油救火的不理智行為。傾聽、同理心才是解決客訴的最佳方案,傾聽是為了了解消費者受了什麼委屈(可能與本店無關,但不要急著辯解)?同理心是為了取得消費者的信任(你是真心為她對方解決問題),有人說:「在家就不要談道理,要談感情」,面對客戶也是同樣的邏輯。

即期商品管理

商品就是錢，過期品報廢就等於把錢扔進垃圾桶，有許多老派的經營者堅持「勤儉持家」，認為過期幾天無所謂！竟然自行更改商標上的有效日期，這就不是勤儉持家，而是無知犯法！一旦消息被員工暴露給媒體，整個連鎖加盟品牌就完蛋了。

現在有規模的連鎖加盟體系幾乎都採用整合性電腦系統，企業總部應該採取以下措施，以協助店長進行即期品促銷、過期品下架的作業：

- 根據銷售數據進行「精準」進貨。
- 對於商品上架進行「先進貨先出貨」的管理程序。
- 商品分類管理分級，訂定「有效期」管控機制。
- 提供即期品、過期品管制表。
- 訂定即期品促銷方案。
- 訂定過期品處理標準作業流程。
- 嚴格管控報廢品流向。

精準進貨就會降低即期品的比例，即期品促銷就會降低過期品的比例，店長（加盟主）就不需要冒險犯法去進行改標的犯法行為，這就是良性循環，以科技「創利」。

應對：暴力、犯罪

由於社會變遷快速，有些人無法適應生活，因此精神疾病患者大量增加，政府提供的社會救助就如杯水車薪，因此這些不定時炸彈就滿街遊走。另一現象是貧富差距所造成的犯罪事件，受害的就是社區居民與商家。

日前發生幾件震撼社會的犯罪新聞，受害者都是超商店員，面對社會的不安定、危險，第一線的作業人員永遠是承擔風險最高的，企業總部首應加強科技化防暴力硬體設施，讓危機發生的第一瞬間就可發出警訊，降低受害程度：

⊙ 強化警民連線裝置。

⊙ 強化商店門口緊急事件警示燈。

⊙ 建立 AI 監控系統，主動判定危機並與總部、警方連線。

再來企業總部應建立「暴力事件危機標準作業流程」，並提供員工訓練，作為應變的依據。企業總部更應承擔所有財物損失，以免除員工心理壓力，以員工安全為第一考量。追捕罪犯、索回贓物是警方後續接手的項目，以目前市區內佈滿監控系統的狀態下，追捕公開犯案的歹徒是輕而易舉的事！

若某一家店常常被搶，就是所有歹徒「吃好道相報」，當犯罪分子發現店內、店外佈滿監控系統，並看到警民連線的警語，自然就會降低犯罪的機率，因為罪犯也是要計算被逮捕風險的。若不是，那就是精神病患！

科技戰警

科技始終來自於人性！

目前人臉辨識系統已經相當普遍且技術成熟，每一個手機上的解鎖裝置，幾乎都提供人臉辨識功能，目前商業上的應用也相當普遍，透過商場內各入口處的攝影機，所有進入店內的客戶被進行面部掃描，後續應用分為 2 個層次：

⊙ 客戶屬性判別：

根據客戶面部影像特徵進行分析，可得出：性別、年齡、職業屬性、…等一般性質料，以便進行有效的目標行銷。

⊙ 客戶身分判別：

搭配會員資料庫，在商場入口便即時確認會員身分，後續將執行 VIP 專屬個人行銷，更可進一步達到「無人銷售」，客戶不需經過傳統結帳程序，即可取貨走人。

喝醉的、精神病的、極度憤怒的、…，這些高危險分子的臉部表情，是可以透過臉部辨識系統加以辨識並提出警訊的，目前商場內使用的服務型機器人，再加上一些簡單的武裝就可執行機器人戰警的任務。當然，在立法完成前，這些科技是無法派上用場的。

戰勝心魔

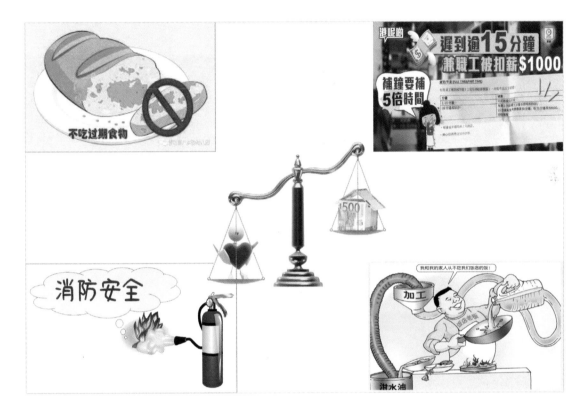

在傳統社會中「勤儉持家」的理念總是被歌頌，所有的企業家傳記總是記錄這一類的生平紀實。但這件事情還有另一個面向，有句台語做了完美詮釋：「三八假賢慧」，勤儉持家提倡的是「當省則省」，但遇到無能的主管、企業主卻是無限上綱為「不當省也省」，舉例如下：

- ⊙ 麵包發霉了沒關係，剝掉上面發霉的部分就可以吃了。
- ⊙ 買保險浪費錢，每年平平順順，光繳錢拿不到補助，不買了！
- ⊙ 工讀生年紀小不懂事，遲到就給他扣款，時薪少給一點，小朋友不敢提告的。
- ⊙ 找原廠進貨太貴了，找副廠牌或第三管道進貨可以便宜三成，地溝油、黑心食品大暢銷。

景氣越差時，貪小便宜鋌而走險的「小」商家就越多，因為求生存不易。企業總部唯有盡心照顧加盟店才能確保帝國屹立不搖，若總部抱著自保的心態，加盟店一家家倒閉後，企業總部不可能全身而退，企業品牌最終也會變臭。

站在巨人的肩上

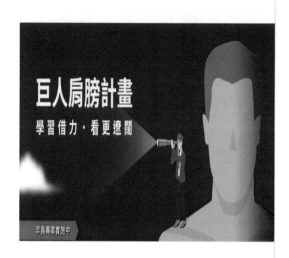

想法 ▷ 實習 ▷ 學習 ▷ 計畫 ▷ 創業

對於有創業雄心的人，選擇連鎖加盟作為起手式是一個不錯的選擇，因為對多數人而言，創業是一種激情，而多數人是尚未準備好的：

> 完整的商業模式
> 資金取得與資金管理
> 商品、服務所需的特殊技術
> 應對外來競爭的能力

多數人有了 ideal 之後就會自嗨，找了三五好友湊足了啟動資金，就展開創業之旅了，因此陣亡率高達 99%，若先加入連鎖加盟體系，則會有以下優點：

> 實際觀摩別人的商業模式。
> 實際體驗一家店的經營，面對實際運作的疑難雜症。
> 學習一個店長所需具備的專業知識。
> 重新檢視自己擬定的創業計畫，並修正。

你繳的加盟金就如同實習費用，可以公開偷師成功的商業模式，是一種非常划算的教育投資，幫你規避了許多風險，更能少走許多冤枉路。

創業計劃書

景氣不好、運氣不好、…，這些都是常見的失敗者藉口！

> 商業名言 1：「成功的人找方法，失敗的人找藉口」

> 商業名言 2：「沒有不景氣，只有不爭氣」

創業需要激情與熱情，但更需要計畫，而且是周詳的計畫，缺乏周詳計畫的創業就是有勇無謀，這種狀況下想要成功，當然就必須仰賴：景氣、運氣！

每一種創業都必須面臨許多未知的變數，例如：Covid-19 席捲全球，國門關閉→國際觀光客歸零…，這些幾乎是所有人都未曾有的經歷，但還是發生了，因此所有靠借貸來擴大投資的國際飯店，幾乎全部倒閉了，當然這時有人會歸咎為「不可抗力的天災」，但如果你去檢視一下晶華飯店，會發現居然還有盈餘，而且迅速賣掉了「達美樂」在台灣的經銷權，籌措現金 17 億，準備應對無限期的疫情災害，這裡面凸顯了 3 件事：

   A. 多角化穩健經營   B. 周詳的財務計畫   C. 從容應對天災

雖然創業計畫無法預知意外的發生，卻必須預留應對資源，因此意外發生尚有退路，而倒閉的企業不外乎：缺現金、缺資金融通管道、缺資金融通人脈，因此毫無退路。

集資說服的能力

「人是英雄，錢是膽」，創業需要資金，若是新創事業更需要源源不斷的資金，沒有資金的持續奧援，理想就如同空中樓閣，俗語說：「一文錢逼死英雄好漢」，說的就是缺錢的窘境！以下是一些成功企業的發展窘境：

- Amazon 的創始人貝佐斯在創業前，對所有的親戚、朋友開過 40 場募資說明會，但最後僅有少數人參與了投資。
- TESLA、Space X 的經營者伊龍馬斯克，也在企業發展的瓶頸階段屢屢遭遇資金匱乏的窘境。
- 1986 年台積電在成立時，邀請當時半導體巨擘 INTEL 參股遭到拒絕，還好獲得半導體產業另一個大咖「飛利浦」的加持，2022 年的今天 INTEL 淪為二流公司。
- 統一集團由美國引進 7-11 超商，歷經 7 年的虧損期，若不是母公司統一集團實力雄厚，這家燒錢的公司早就易手了。
- 誠品企業經過漫長的 15 年才轉虧為盈，除了自身的財力，更能不斷獲得外界的注資，這才是誠品能笑到最後的主因。

檯面上的成功企業都不是一帆風順，撐過危機當然需要：努力、智慧、經驗，但若缺錢，一切都將飛灰湮滅，因此筆者認為「募資」是現代創業者的基本功。

績效指標 1：損益兩平

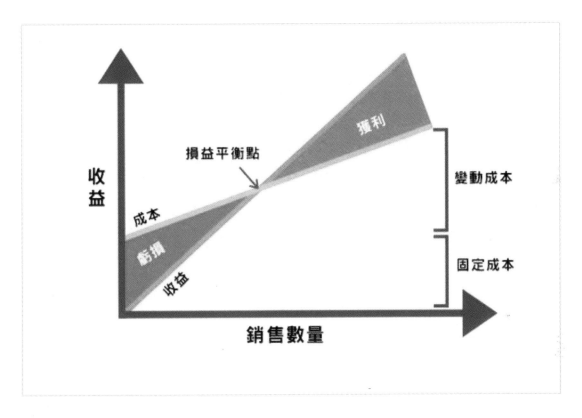

讓企業存活是經營者的首要任務，而收支平衡的概念是店長的基本信念，以下就以簡化範例做說明：

- 年營業費用估計：200W (萬)
- 商品的毛利率：20%

假設：損益平衡營業額為 Sales

Sales X 20% > 200W　　　Sales > 1,000W

結論：營業額達不到 1,000W 就得虧錢

費用又分為：

固定成本：全職員工薪資、店租、保險

變動成本：水、電、瓦斯、計時員工薪資

熱門商圈的店租是十分昂貴的，因此很多店看起來生意不錯，但還是倒閉換人，因為生意還是不夠好 + 毛利不夠高 → 獲利付不起租金，人手一機的行動商務年代很多實體商家選擇在 2 樓開店，就是著眼於降低熱門商圈的高昂店租。

這樣的基本營運試算是店長的開店 ABC ！

績效指標 2：客流量、客單價

延續上一個範例：

要達到營業額 1,000W，那必須進來多少客人呢？

這個問題就牽涉到一個客人進來的消費額，我們稱為客單價，有些商店貨色不足，客人即使進來了卻無法一站購齊，或是商品單價太低，即使買足了所需商品，客單價還是太低。

因此店長就有 2 個基本任務：

> 提高客流量：搞活動、辦促銷
> 提高客單價：檢討商品配置、引進高單價、高毛利商品

站長想賺錢、客人想省錢，這兩個命題看似衝突，其實不然！皆大歡喜才是完美的解決方案！請耐性往下看…

績效指標 3：毛利率、商品周轉率

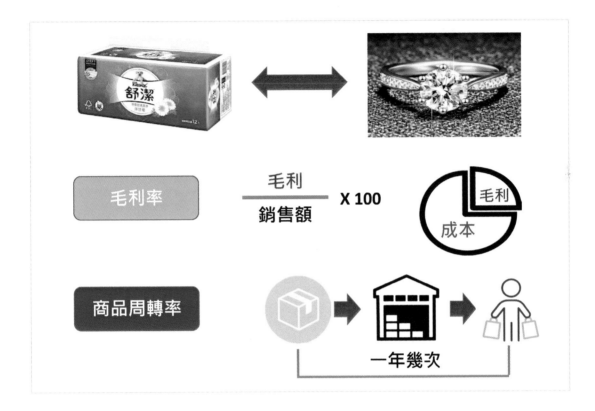

提高商品價格是提高客單價的最簡單方法，但客人又不是傻子，絕對是貨比 3 家，提高單價的結果勢必降低客流量，全球最成功的連鎖量販店 Costco 就採取反向思考。

Costco 選擇站在消費者的立場，將商品毛利率定為平均 7%（行業平均為 25%），甚至規定若某一商品的毛利率若超過 14%，商品主管就必須寫報告進行說明，Costco 是以大幅提高的商品周轉率來彌補毛利的降低，這就是雙贏！

賣衛生紙：一包只賺 1 元，一年可以賣 100,000 包　　　　　　　共賺 100,000 元

賣鑽石：一顆可賺 5,000 元，一年只賣 3 顆　　　　　　　　　共賺 15,000 元

上面的交易哪一個划算呢？

Costco 低毛利策略的配套方案：

- ⑦ 大包裝：提高客單價
- ⑦ 會員制：提高客戶忠誠度
- ⑦ 品項單純化：每一商品的銷量大幅提高，可大幅降低進價。

績效指標 4：庫存周轉率

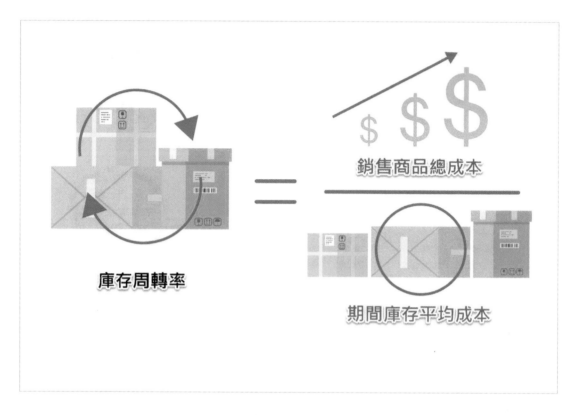

暢銷商品必須積極進貨以防庫存不足，客人買不到商品就是錢少賺了，但商品的市場熱度是隨時變化的，經常因為某一個事件就冷卻了，暢銷商品瞬間變成滯銷的庫存品。

有時因為採購人員對於市場、商圈、消費者喜好的誤判，進錯了商品，也會產生庫存積壓的情況。商品的價值一般而言都是隨著時間遞減的，尤其是：食品、流行商品，因此庫存管理是商店賺錢與否的重要關鍵因素之一。

庫存商品積壓產生的後遺症便是：資金積壓、商品貶值，但財報上的數字可能是漂亮的，因此店長必須時時掌控庫存周轉率，並進行滯銷品管理。目前業界最普遍的做法就是開設「即期商品」專區，相當於特價專區，對於某些消費者有極強吸引力的，是一個雙贏的積極做法。

時尚業者更是在每季季底舉辦清倉拍賣，甚至開設常態性的 Outlet，就是對庫存商品進行積極管理，例如：倉庫中一件進價 3,000 的衣服，標價 6,000 販售，季底特價大 4 折賣出 2,400，好像賠了很多，若留到明年不流行了，可能賣不到 300，這才是真是血本無歸。

⊙ 衣服：流行的時候→時尚，不流行的時候→一塊布！

⊙ 魚貨：新鮮時→沙西米，不新鮮時→減肥食品！

績效指標 5：現金流

公司破產前老闆一定是忙著四處籌錢，最後調度失敗宣布倒閉，缺的就是【現金】，多數公司倒閉是因為經營不善、不賺錢，因此長期缺現金。但有些公司儘管業績表現優良依然倒閉，為什麼呢？明明有賺錢怎可能倒閉呢？

在公民教育中常教導學生：「錢不是萬能」；在現實商業經營中：「沒有錢卻是萬萬不能」。公司沒有現金可以付帳款、繳稅、付員工薪資…，於是就倒閉了，但既然是賺錢的生意為何會缺現金呢？因為錢可能被押在：應收帳款、固定資產、存貨，在這些資產無法立刻變現的情況下，一旦緊急狀況產生，現金調度失靈，公司就會倒閉。

例如：在新冠疫情前因為景氣好而加碼借貸投資的廠商，遭遇疫情無限期延展的殘酷挑戰，多數宣告倒閉破產；而政府紓困方案的不二解方也是：發現金！現金是商業經營的血液，缺血的結果就是死亡、倒閉。

在財務報表中，現金流量表是一份獨立報表，可見其重要性，目前全世界最夯的新創太空公司 Space X 就曾經因為缺乏資金而幾乎破產，最後當然是化險為夷。身為店長就是一家小型公司的 CEO，必須有風險意識，手上必須隨時保有應急資金，更應隨時檢視庫存商品狀況，積極催收應收帳款，台灣商業有句俚語：「完成交易的是徒弟，收回帳款的才是師傅」，這都是現金流量管理的具體展現。

習題

（　）1. 以下有關店長的敘述，哪一個項目是錯誤的？
  (A) 校長兼撞鐘　　　　　　　　(B) 必須身兼數職
  (C) 只負責決策　　　　　　　　(D) 經過長期培訓

（　）2. 店長養成訓練 4 個階段，以下哪一個排序是正確的？
  (A) 店務→產業→商圈→管理
  (B) 產業→店務→管理→商圈
  (C) 商圈→店務→產業→管理
  (D) 管理→店務→產業→商圈

（　）3. 有關服務人員的敘述，以下哪一個項目是正確的？
  (A) 缺乏專業性　　　　　　　　(B) 是勞力型工作
  (C) 過渡期工作　　　　　　　　(D) 最佳幹部養成訓練

（　）4. 有關店長的 4 個關鍵數字中，新舊客戶的完美比例為？
  (A) 2:8　　　　　　　　　　　　(B) 3:7
  (C) 4:6　　　　　　　　　　　　(D) 5:5

（　）5. 以下哪一個項目，不是店長的 7 大工作指標之一？
  (A) 問題協調　　　　　　　　　(B) 地板清潔
  (C) 賣場指揮　　　　　　　　　(D) 營運控制

（　）6. 「逛一逛商圈，留意人潮變化」，是店長工作分類的哪一個項目？
  (A) 管帳　　　　　　　　　　　(B) 管人
  (C) 管事　　　　　　　　　　　(D) 管物

（　）7. 書中有關寧夏夜市 Covid-19 疫情微解封，成功重啟商圈的關鍵因素為以下哪一個項目？
  (A) 開放邊境　　　　　　　　　(B) 全面施疫苗
  (C) 商圈管理委員會積極整合　　(D) 政府有效管理

（　）8. 以下哪一個項目，不是商區生活機能的涵蓋範圍？
  (A) 房價高　　　　　　　　　　(B) 設施多
  (C) 商店齊　　　　　　　　　　(D) 環境佳

（　）9. 本書中有關店長該具備的 18 般武藝內容中，以下哪一個項目不包含在內？

(A) 掌控現金流　　　　　　　(B) 加強食安管理

(C) 急救訓練　　　　　　　　(D) 兒童託管

（　）10. 有關客訴處理的敘述，以下哪一個項目是正確的？

(A) 需要能言善道　　　　　　(B) 必須有同理心

(C) 要強調合理性　　　　　　(D) 一切依法行事

（　）11. 有關即期品管理的敘述，以下哪一個項目是正確的？

(A) 過期品報廢是一種浪費的行為

(B) 即期品尚可食用不需標示

(C) 目前超商 POS 系統會自動警示過期商品

(D) 商品上架應採取「後進貨先出貨」的管理程序

（　）12. 有關商店面對暴力、犯罪的因應，以下哪一個項目是錯誤的？

(A) 總部應提供教育訓練　　　(B) 總部應提供應對 SOP

(C) 員工應準備防身武器　　　(D) 應以人身安全為第一考量

（　）13. 本書中有關於科技戰警的敘述，以下哪一個項目是錯誤的？

(A) 臉部辨識科技可以辨識：性別、年齡、職業屬性

(B) 臉部辨識系統無法辨識出高危險分子

(C) 在商場配置機器戰警需要法令配合

(D) 應用臉部辨識科技是零售產業發展趨勢

（　）14. 根據本書「戰勝心魔」一節內容，以下哪一個項目是錯誤的？

(A) 「勤儉持家」不可過度解讀

(B) 「三八假賢慧」指的是「不當省也省」

(C) 工讀生遲到店長可依店規扣薪

(D) 企業總部應盡可能讓利給加盟店

（　）15. 以下哪一個項目，用來形容「選擇連鎖加盟作為創業起手式」最為貼切？

(A) 不要輸在起跑點　　　　　(B) 站在巨人的肩膀

(C) 樹大好遮陰　　　　　　　(D) 團結力量大

（　）16. 有關創業的敘述，以下哪一個項目是錯誤的？

(A) 需要激情與熱情
(B) 需要周詳的計畫
(C) 景氣是勝敗的最主要因素
(D) 需要創業籌資的人脈

（　）17. 以下哪一項能力，在本書中被視為創業者成敗的關鍵能力？

(A) 經營能力　　　　　　　(B) 募資能力
(C) 公關能力　　　　　　　(D) 招商能力

（　）18. 以下哪一個項目，不是固定成本？

(A) 機器折舊　　　　　　　(B) 保險費
(C) 工讀金　　　　　　　　(D) 房租

（　）19. 要達到月營業額 100 萬，以下哪一個「客流量」、「客單價」組合是錯誤的？

(A) 客流量：1 萬、客單價：100
(B) 客流量：2 萬、客單價：50
(C) 客流量：5 萬、客單價：20
(D) 客流量：10 萬、客單價：5

（　）20. 以下哪一個項目，不是 Costco 低毛利策略的配套方案？

(A) 大包裝　　　　　　　　(B) 會員制
(C) 品項單純化　　　　　　(D) VIP 特殊化

（　）21. 以下哪一個項目，不是庫存商品積壓產生的後遺症？

(A) 資金積壓　　　　　　　(B) 商品貶值
(C) 增加管理成本　　　　　(D) 安全庫存準備

（　）22. 以下哪一個項目，是致使公司倒閉的最後一根稻草？

(A) 缺市場　　　　　　　　(B) 缺現金
(C) 缺人才　　　　　　　　(D) 缺管理

CHAPTER

6

展店選址

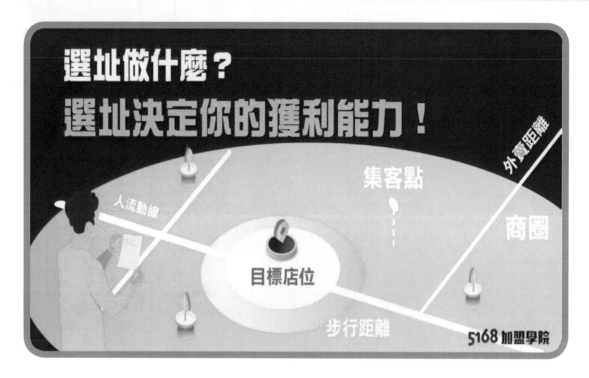

選址做什麼？
選址決定你的獲利能力！

人流動線　集客點　外賣距離　商圈　目標店位　步行距離

5168 加盟學院

　　家店的成功需要許多條件的配合，有些是先天的，有些是後天的。店址的選擇就是屬於先天的，一旦決定了：簽約了、裝潢了，那後面的 5~10 年就很難變更當時的決定了，因為要搬移一家實體店是需要巨大成本的。筆者擁有一個店面，目前租給 7-11 當直營店，簽約期為 10 年，據說：「一家中小型的 7-11 大約啟動資金 500 萬，沒有簽約 10 年是賺不回來的」。

所有人當然都希望將店開在精華地區，例如：車站出口、捷運站出口、熱門商圈、夜市，但精華區的店租卻只有少數行業付得起：高單價奢侈品行業、高周轉率流通行業，由於高租金，許多傳統店面紛紛由馬路旁轉入巷弄間，原因就在於店租。

熱門商圈的店租與一般社區店租的差異會高達 10 倍，因此店面選址必須在「理想」與「現實」中做平衡。然而精華商圈卻不見得每一處都是好地點，而一般社區商圈卻可能挑到好位置，本單元就是介紹店面選址的幾個基本要領。

商圈

房屋不動產將區域性房產價格分為 3 級：蛋殼→蛋白→蛋黃，指的是區域與市中心的距離，隨著距離的增加房產價格、租金價格遞減，交通方便性、生活機能、人口密度都隨著距離同步遞減，因此選擇店址時必須要考慮商圈人口密度，是否足以支撐商店基本業績。

同一個區域內又區分為：商業區、工業區、住宅區、文教區、…等，不同的類別就有不同的商業行為、不同的客群、不同的商店，因此開店時首先必須確認商圈屬性與商店客層屬性是否匹配。

看上某一個店址後，還必須到店門口站崗，實測不同時間點的人流數，有些地區看起來很旺，卻是陰陽街，也就是道路的一邊人流充沛，另一邊卻是沒人。

接著必須實地觀察所在商圈的競爭情形，又可分為以下兩類：

同行競爭	以百貨公司專櫃為例，在一級商圈內多家百貨公司，每一家百貨公司內知名品牌專櫃幾乎是相同的，因此不但需要與不同廠牌競爭，還必須與同品牌不同專櫃做競爭。
替代性競爭	以飲料店為例，同一商圈中有各式各樣的不同飲料店，雖然產品不同，但卻有替代性，當茶飲店進行促銷活動時，就可能影響到咖啡店的生意。

集市 ⟷ 競爭

將店開在競爭激烈商圈好不好？尤其是某一行業專屬的市集，例如：家具街、婚紗街、花市、玉市、百貨公司專櫃，這類的市集全部是同行競爭，不但爭價格、更爭創新，在這樣的商圈開店的缺點大家都知道，就是「競爭」、「壓力」。

我們所要討論的是另一面：「機會」。回顧一下「市集」的起源：「大家相約一起到某一個地方進行物品交換」，市集因為人多、物多，因此交換效率高。相同的概念，當有某一個明確的消費需求產生了，例如：買新房要添置家具，你會選擇去某一家獨立家具行或是某一條家具街，站在消費者的立場，答案肯定是逛家具街，因為貨色齊全、可以到處殺價。很顯然的，專業市集可以吸引特定目的的購物人潮。

競爭跟機會是一體兩面：

雞首	在一個小地方開一家小店，沒有什麼競爭，卻也餓不死人，求個安穩。
牛後	在大都會中與人廝殺，因為競爭激烈因此毛利低，為了生存必須不斷創新，雖然辛苦卻充滿幹勁、理想與機會。或許哪一天來了一位國際買家，看中你的設計，接了大單後小店成了跨國企業，雖然陣亡者眾，但成功的案例也不時發生。

越來越多商店搬進百貨公司，國際商展越來越盛行，理由：集市！

地點

商圈中選址還有以下 5 點考量：

顧客誘導設施	都市中的車站，郊區的大型十字路口、幹線道路或高速公路的交流道或休息站，購物中心內的主要出入口、停車場出入口、手扶梯、電梯等，這些都是人群聚集的地方（顧客誘導設施），人潮帶來錢潮。
辨識性	在傳統商務中，一樓店鋪有正面的招牌、櫥窗展示、垂掛的布幕，因此比其他樓層的「可見度」高，在行動商務時代中，用心的業者藉由網路社群提高「知名度」，消費者聞名而來，因此一樓店面不再是唯一選擇。
動線	連結兩個「顧客誘導設施」的道路，就是「動線」，例如：從車站走到辦公大樓的道路就是動線，但動線中的「顧客誘導設施」若改變了，就會改變顧客的動線，進而影響到經過店門前的人數。
建築物構造	店的規模愈大，營業額愈高，而停車的方便性更會影響營業額。
親近性	店鋪前的人行道若是寬廣無障礙物，就會提高客戶物理上的親近性，一樓店鋪若採用大型落地窗，店內環境敞亮，更會提高顧客上門的意願。

📍 店租 vs. 營業額

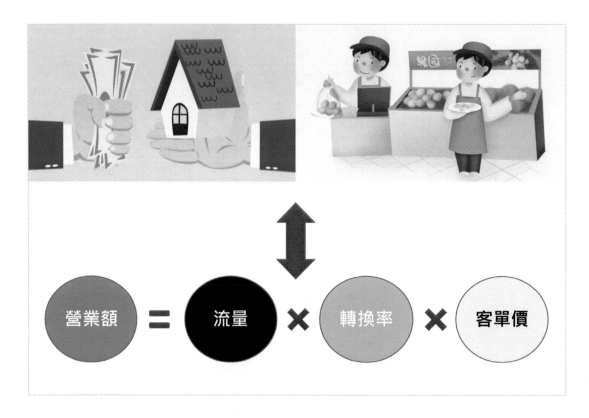

營業額 ＝ 流量 ✕ 轉換率 ✕ 客單價

「經驗」對於企業經營有很大的助益，也是決策的重要參考依據，而科學、數據更是驗證經驗可信賴度的工具。

我們進行店鋪選址時，通常會找朋友或仲介作為媒介，當然就會介紹一些「熱門」地點、人潮「不錯」的地方；而「熱門」、「不錯」都是主觀經驗，更是形容詞，科學的作法就是實際「定點」、「分時」測量人流，人流量少的地方根本不用考慮。再來就得分析顧客屬性，例如：公園邊進出的人都是上年紀來運動的長輩，開個簡餐咖啡廳，提供喝咖啡聊是非的場所就對了；又例如：小學旁進出的都是小學生及家長，開一家兼賣玩具的文具店就對了。也就是說，人流量必須乘上客層的轉換率才是真正有效的顧客數。

我們也經常看到人聲鼎沸、生意不錯的店突然倒掉，或因付不起高昂店租而遷址，有些熱門商圈的店雖然門可羅雀卻 10 年不倒，原因很簡單：客單價！骨董字畫店可以三年不開張，但一開張就可以吃三年，因為一件骨董可能上百萬，毛利更可能高達 50%；而開咖啡廳的若每個客戶只消費 30 元，一聊就是半天，雖然店內客滿但還是面臨倒閉，因此必須再提供：簡餐、蛋糕、咖啡豆等高單價商品。唯有提高客單價，才能讓店鋪存活下來。

坪效

傳統開店的思維中有以下兩個迷思：

⊙ 店面越小租金越低，店鋪越容易存活。

⊙ 店鋪中陳列越多商品（零售業）、擺更多桌椅（餐飲業）就可以貢獻更大的營業額。

也有許多管理學者提倡「坪效」的管理方法，所謂坪效就是每一單位面積（坪）可以產生的效益，但傳統思維做了保守的解釋，請各位回憶一下早期柑仔店，店內除了老闆娘可以進出取貨外，毫無閒置的空間；早期的 7-11 全部開在市中心三角窗，為了節省房租全部都是小小一間，但仔細觀察一下近幾年來 7-11 的改變，許多大面積的 7-11 跑出來了，附設：餐飲區、美妝區、圖書區、…，這時「坪效」被賦予不同的解釋：「單位面積可以創造的收益」。早期的 7-11 就只能賣些低單價的雜貨，現在大型的 7-11 卻是希望一隻羊能多剝幾層皮，因此擴大店面、提升購物商場的情境，進行複合式行銷。

在台灣複合式行銷的始祖應該算是誠品書店，把書店開得像：圖書館、博物館、咖啡廳、精品店，「書」本身並不是高單價、高毛利的商品，但卻可以吸引高所得的族群，看完書後喝杯咖啡，逛逛精品店，因此高尚、愉快的閱讀環境，成為了創造坪效的保證。

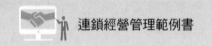
7-11 路口選址邏輯

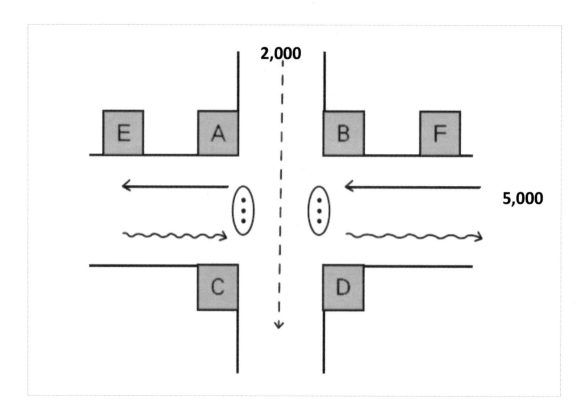

假設在某一路口附近有 A、B、C、D、E、F 等 6 個店面,你會選擇哪一個?

根據 7-11 的開店選址原則:

> A、B、C、D 是三角窗店面,4 個方向的車輛都可看到招牌,因此是首選

> 根據馬路上的車流量統計:

橫向幹道流量 5,000、東→西流量 > 西→東流量

縱向幹道流量 2,000,因此 A、B 優於 C、D

> 東→西車流中,B 位於十字路口燈號前,A 位於十字路口燈號後,車子等紅燈時眼睛剛好看著前方的 A、E,而 A 有縱向幹道車流的加持,因此是首選。

筆者的建議:

若 E 距離 A 只有 3~5 個店面,筆者會建議選擇 E 店面,因為三角窗的店租通常高得不像話,再者路口不適於停車、下車購物,因此 A 的優勢只在於被「看見」,而 E 的優點在於「可親近」。

捷運出口：開店雷區

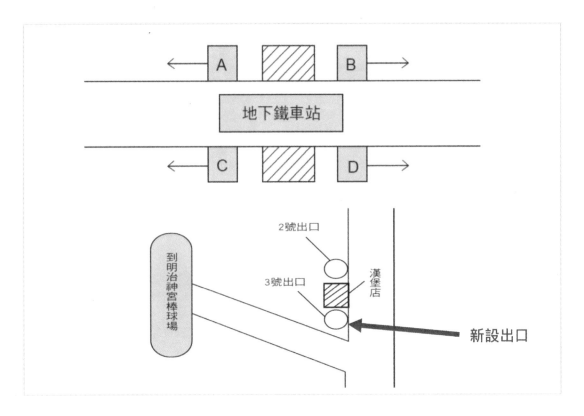

車站、捷運站的出口肯定是黃金店面！但世事無絕對，請看上圖：

⊙ 原本漢堡店的上方只有一個 2 號出口

    ○ →所有要前往棒球場的人都會由 2 號出口出站

    ○ →所有棒球場要前往車站的人也都會由 2 號出口進站

    ○ →→都「會」經過漢堡店

⊙ 捷運管理公司為疏散人流，在漢堡店下方增設了 3 號出口

    問題大了！

    ○ →所有要前往棒球場的人都會「改由 3 號出口」出站

    ○ →所有棒球場要前往車站的人也都會「改由 3 號出口」進站

    ○ →→都「不會」經過漢堡店

這就是因為「顧客誘導設施」的改變造成的行人「動線」改變，從前長輩們買房子、租店鋪都會找地理師進行勘查，其實原理就如同上面所說的：「顧客誘導設施」、「動線」，只不過地理師用了一些我們聽不懂的「行話」，所以覺得高深莫測。

西堤牛排選址策略

王品集團鼓勵企業內員工創業，店長們提出新的創意在企業內獲得認可，即可獲得總部奧援，成立一個新品牌。初期以 3~5 家店作為試驗點，若營運模式獲得市場認同，才會大量複製開設連鎖店；反之，認賠結束新品牌。這樣的策略產生以下幾個優點：新創期→小規模試點，虧損有限；發展期→大規模展店，獲利數倍。

西堤牛排是王品集團旗下的一個品牌，在創立之初就設下「一戰成名」的目標。創始店開設在台北市餐飲一級戰區的一樓大店面（參考上圖），租金雖然極高，獲利機會更低，但考量的是「品牌行銷」，創始店就是門面，一旦打響招牌，再由後續的連鎖店賺回，有了名氣，其他連鎖店就不必設在一級戰區，更不必是高租金的一樓店面，或者選擇前 3 年設在一樓店面，3 年後合約結束就轉移到附近的 2 樓或地下室店面。

有了品牌就同時具有「親近性」、「可識別性」，透過網路社群行銷，只要是交通便利的地點，其他的因素都不再是問題，因此漸漸形成了新的行業慣性：

⊙ 創始店（新店面）開熱門商圈、一樓
⊙ 連鎖店遍地開花、其他樓層

分店數量規劃

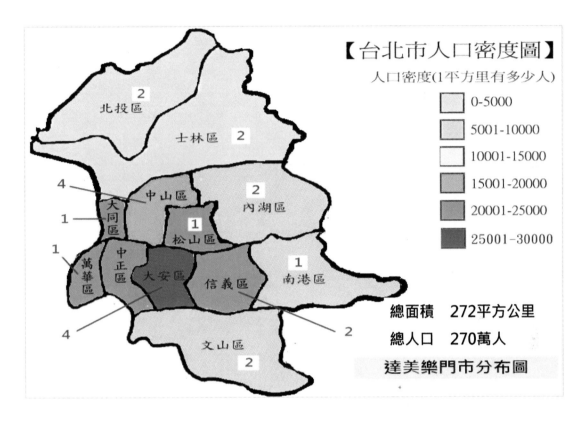

【台北市人口密度圖】
人口密度(1平方里有多少人)

	0-5000
	5001-10000
	10001-15000
	15001-20000
	20001-25000
	25001-30000

總面積　272平方公里

總人口　270萬人

達美樂門市分布圖

筆者很喜歡吃 Pizza，尤其是龍蝦、夏威夷口味，每個月都會消費個一兩次。上網訂購很方便，30 分鐘內熱騰騰、餅皮酥脆的 Pizza 就送到你家門口，30 分鐘內無法送達即贈送 100 元折價券。筆者的老婆勤儉持家，每次訂 Pizza 一定緊盯著時鐘，心中默念：遲到…遲到…，就是想拗到那 100 元折價券！

台北市的面積有多大？最遠的距離有多遠？交通擁擠時如何能夠使命必達？生意太好 Pizza 來不及烤、來不及送怎麼辦？這一連串的問題都是經營 Pizza 連鎖店必須考量的，也有人會說：「30 分鐘若無法送達，改成 1 小時內送達不就得了！」，這可是外行人的想法，Pizza 若不是熱烘烘、餅皮若不酥脆，根本就不會有人愛吃，這就是必須堅持 30 分鐘內送達的鐵律。

可愛的丫達就建議了：

　⊗ 乾脆在台北的每一條大街上都開一家連鎖店

　⊗ 每一家店都聘請 100 個員工不就得了

保證任何地點、時間下訂單都可準時送達！

結果 3 個月後所有連鎖店都倒閉了，為什麼呢？每一家店如果沒有足夠的訂單，營業收入不足以支付經營成本，Pizza 店自然就得倒閉。

分店地點的規劃

如何以最經濟的方式設立 Pizza 連鎖店呢？店數不會太多 → 每一家連鎖店都能有足夠的訂單，每一家的距離不會太遠 → 30 分鐘內可以送達！這就是我們需要學的物流規劃。首先我們必須先調查：

⊚ 台北市面積有多大，人口數有多少？各區人口密度？

⊚ 各地區市民的收入水平與消費習慣，是否可以負擔 Pizza 的價格？是否喜愛 Pizza 的口味？

⊚ 一家店的基本營銷成本是多少？每一個月必須達成多少營業額？

⊚ 用餐時間、交通壅塞的情況下，使用哪一種運輸工具最有效率？一趟出車可以送幾家？可以跑多遠的距離？

經過精準計算規劃後，如果遇到臨時大量的訂單，還是有可能延誤配送 Pizza 的黃金 30 分鐘，這時 100 元折價券就可順利將客戶因送餐延遲的不滿意轉化為小確幸，更帶來下一次訂餐的機會，這就是高明的行銷：「讓客戶佔便宜」！

百貨賣場 vs. 路邊獨立店

傳統獨立商店的店長所要管理的事務是非常繁雜的，包括馬桶不通、水管漏水、鐵門故障、小偷晚上闖入、隔壁鄰居檢舉投訴、⋯，一個頭兩個大的店長要衝出漂亮的業績、擴大營業規模是有難度的！

百貨公司的功能就是賣場的經營，提供一個優質的經營環境給賣場內的商家，主要服務的範圍有：保全、清潔、收銀、設施維護、整體行銷、⋯，把所有的雜務全包了，店長、企業主只需專注於本業的經營：商品開發、服務精緻化、客戶關係管理，並配合百貨賣場的整體行銷活動。

以鼎泰豐為例，將餐廳開在百貨公司內，具體好處如下：

- ⟩ 店長的管理工作可以更專注。
- ⟩ 顧客原先無聊的排隊等候變成了有趣的商場逛街。
- ⟩ 鼎泰豐的客人又成為商場內的客人，因此鼎泰豐可以拿到更好的店面、更優惠的租金。

專業分工是近代商業發展很重要的概念，賣衣服的就專注於研究時尚流行，賣電器產品的就搞好創新研發，將保全、清潔、商品配送等非核心工作外包出去，甚至於連資訊中心都外包出去（AWS 亞馬遜雲端服務），這就是商業進化的必然結果。

📍 夜市 vs. 行動餐車

開「店」做生意，店的位置、店的租金是必須要考慮的 2 個重要因素，當然人人都想在一級商圈、黃金店面營業，但租金卻是高不可攀，對於小本經營或是初創業者更是完全不可能負擔的。

早期的市集是不用付租金的，先到者先佔，隨著市集的規模化才開始有管理制度出現，擺攤的人需要付管理費。再後來，政府加強管理採公辦民營，各個攤位直接向縣市政府租用，例如：建國觀光花市、建國觀光玉市，一旦有了管理，市場運作日趨完善，逛市集的人就越來越多，攤位轉租的黑市交易就開始發生，攤位租金又變貴了，小資本創業者又負擔不起了。

隨著通訊科技的普及、行動商務崛起，很多人開著餐車上山下海，只要是有景色、有觀景的地點，停下胖卡餐車、拉開幾張桌子生意就可做起來，透過社群軟體，用餐、喝咖啡的人簽到打卡，將「美景 + 美食」吃好道相報廣為傳播。筆者有深深的感觸，長年來出國旅遊，各國的景點都是銷金窟，買得爽、花的爽；台灣的環島景緻是全球一流的，但每一個景點卻只有公共廁所，還是不用收費的，地方政府對於觀光建設整體規劃的怠惰難辭其咎，而行動胖卡車在觀光景點的閃亮登場，讓我看到了台灣觀光產業的一道曙光。

行動餐車

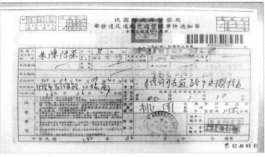

一般人消費購物會有一定的習慣，若是覺得哪一家店不錯，就會再度光臨，但如果特意過去消費卻撲空了，兩三次之後就會將這家店由喜愛清單中剔除，因此沒有固定店鋪或攤位的臨時攤販。通常在賺到錢後都會去承租一個固定店鋪，以利長期發展；再者，固定的店鋪也是服務與信用的另一種象徵。

流動攤販的好處是機動性高，哪裡生意好哪裡跑，不用被長期租約套牢，再加上現代年輕人創業價值觀改變：想做就做、不必賣血賣肝，因此各式各樣的流動市集在台灣各地蓬勃發展，而行動餐車更是流動市集的主力。

有管理的市集：攤販繳交管理費，有人維持交通、有人維護環境清潔、有人維持秩序，因此消費者、店家、社區可達成三贏，但在台灣卻常常出現違規經營的流動攤販，在交通要道上餐車一停就營業做生意（妨礙交通），或是在觀光景點弄個香腸攤，遊客走了攤販也走了（留下一地垃圾），政府只好祭出罰單，當然又是無效的！

多數的行動攤販都是求財而不是求氣，因此不會去故意違法拿罰單，他們需要的是政府規劃設攤地點、管理規則，大家可以快快樂樂做生意，多數的政府是消極、被動的（收到民眾檢舉→開罰單），但連鎖加盟企業總部可以是積極的，向政府機關申請活動市集，提供所有加盟業者合法擺攤，更提供有效的管理，達到政府、業者、人民、企業總部四贏的局面。

商圈轉移

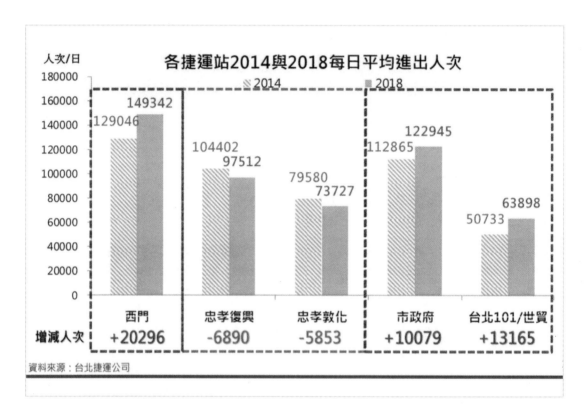

各捷運站2014與2018每日平均進出人次

資料來源：台北捷運公司

對於房地產價值市場上有 2 種說法：

有土斯有財	因此有錢就投資購買房地產，舉例如下： 筆者 1972 年搬到台北，當時爸媽購買金山南路二段巷內的公寓 2 樓，大約 65 坪總價 86 萬，50 年後的今天，最起碼漲價 65 倍，驗證了「有土斯有財」的說法。
商圈會轉移	筆者家中經商，小時候就聽過一位賺大錢的阿姨說：「地理會走」，因此她的多家黃金店面都是用租的，寧可付昂貴租金也不買，舉例如下： 大約 1977 年筆者父母在西門町開舶來品精品店（俗稱委託行），當時正對面的獅子林商城開幕，一坪 60 萬、店面使用率只有 50%（一半是公設）。過沒幾年東區商圈興起，又過沒幾年信義計畫區興起，西門町淪為三級商圈，同樣驗證了「商圈會轉移」。

上圖「台北市各捷運站進出人數統計」就是以科學方法描述「地理會走」，原因就在於地方基礎建設、交通建設的實施，環境變好了、交通暢通了、生意好做了，人自然就變多了。

習題

( ) 1. 一家店的成功需要許多條件配合，有些是先天的，有些是後天的，以下哪一個項目是後天的？
(A) 企業品牌選擇　　　　　　(B) 店面選址
(C) 創業方式選擇　　　　　　(D) 店長選擇

( ) 2. 房屋不動產將區域性房產價格分為 3 級，以下哪一級的房價最高？
(A) 蛋黃區　　　　　　　　　(B) 蛋白區
(C) 蛋殼區　　　　　　　　　(D) 全蛋區

( ) 3. 以下哪一個項目，不屬於商圈集市的定義？
(A) 世貿國際展覽館　　　　　(B) SOGO 百貨
(C) 北港朝天宮　　　　　　　(D) 建國花市

( ) 4. 在商圈選址中，以下哪一個項目，屬於「顧客誘導設施」？
(A) 大型落地窗　　　　　　　(B) 車站
(C) 店鋪招牌　　　　　　　　(D) 建築物構造

( ) 5. 以下哪一個項目，不是科學分析營業額的關鍵數值？
(A) 行人流量　　　　　　　　(B) 轉換率
(C) 客單價　　　　　　　　　(D) 店面熱門度

( ) 6. 對於「坪效」的描述，以下哪一個項目是正確的？
(A) 單位場地所能產生的營業額
(B) 店面越小坪效越高
(C) 店內商品越多坪效越高
(D) 店內空間越寬敞坪效越低

( ) 7. 對於 7-11 路口選址的敘述，以下哪一個項目是錯誤的？
(A) 三角窗店面優於路段中店面
(B) 車流量大的一側優於車流量小的一側
(C) 紅燈後的店面優於紅燈前的店面
(D) 房價高的優於房價低的

( ) 8. 以下哪一個項目的改變，會影響行人的動線？

    (A) 顧客誘導設施　　　　　　(B) 建築物構造

    (C) 親近性　　　　　　　　　(D) 辨識性

( ) 9. 透過網路社群行銷，可以解決將門店開在二樓或地下室所產生的以下哪一個問題？

    (A) 顧客誘導設施　　　　　　(B) 可識別性

    (C) 動線　　　　　　　　　　(D) 親近性

( ) 10. 本書中所介紹的 Pizza 外送案例，可以保持 Pizza 鬆脆的黃金時間為多久？

    (A) 10 分鐘　　　　　　　　(B) 20 分鐘

    (C) 30 分鐘　　　　　　　　(D) 60 分鐘

( ) 11. 以下哪一個項目不是本書 Pizza 範例中，分店開設密度的考量因素？

    (A) 居民平均收入　　　　　　(B) 區域人口密度

    (C) 交通壅塞情況　　　　　　(D) 政府機關多寡

( ) 12. 以下哪一個項目，是路邊獨立店與百貨賣場最大的差別？

    (A) 房租　　　　　　　　　　(B) 顧客的流量

    (C) 商店的安全　　　　　　　(D) 對本業的專注程度

( ) 13. 有關台北建國觀光花市的經營管模式，以下哪一個項目是正確的？

    (A) 官辦官營　　　　　　　　(B) 官辦民營

    (C) 民辦官營　　　　　　　　(D) 民辦民營

( ) 14. 有關流動攤販的敘述，以下哪一個項目是錯誤的？

    (A) 機動性高

    (B) 符合現代年輕人創業模式

    (C) 行動餐車是流動市集的主力

    (D) 多數不願意繳交管理費

( ) 15. 本書內容提到的「商圈轉移」敘述中，以下那一個項目是無關的？

    (A) 基礎建設　　　　　　　　(B) 交通建設

    (C) 環境改善　　　　　　　　(D) 攤販變多

通路為王

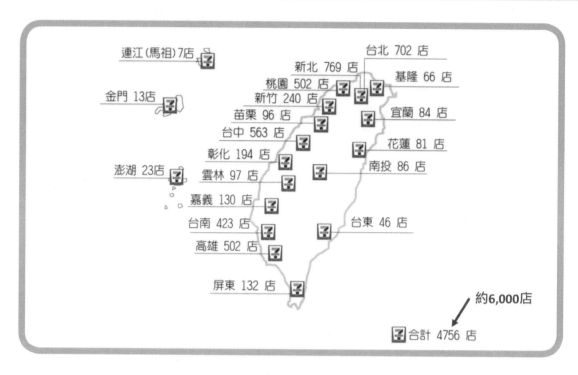

連江(馬祖)7店　台北 702 店　新北 769 店　基隆 66 店　桃園 502 店　金門 13店　新竹 240 店　宜蘭 84 店　苗栗 96 店　台中 563 店　彰化 194 店　花蓮 81 店　澎湖 23店　雲林 97 店　南投 86 店　嘉義 130 店　台南 423 店　台東 46 店　高雄 502 店　屏東 132 店　約6,000店　合計 4756 店

　　工廠生產商品，消費者購買商品，中間的橋樑就是通路。在舊時代就是實體店鋪，在網路時代就是網路商店。通路發達就會激化：商品競爭、品牌競爭、商店競爭、企業競爭，提升商業經營效率，達到物美價廉。龍頭通路平台資料如下（2021 年）：。

- ○ 全球最大零售商是 Walmart　年營業額：5,552 億美元
- ○ 全球最大電商平台是 Amazon　年營業額：4,698 億美元
- ○ 台灣最大零售商是 7-11　年營業額：2,627 億台幣
- ○ 台灣最大電商平台是 momo　年營業額：884 億台幣

以 7-11 為例，全台約有 6,000 家連鎖店，若 A 商品獲准在 7-11 上架販賣，就等於有 6,000 家店同時銷售 A 商品，那銷量會有多驚人！我們再複習一遍獲利公式：獲利 = 數量 x（單價 – 成本），當數量放大 10 倍、100 倍時，獲利也將等比例放大。工商業不發達的時代，通路不發達→銷量受限，企業管理強調成本控制。如今是通路時代，廠商只要能攻克大型通路，銷量立即倍數增長，因此「通路為王」成為企業管理顯學。

通路的價值

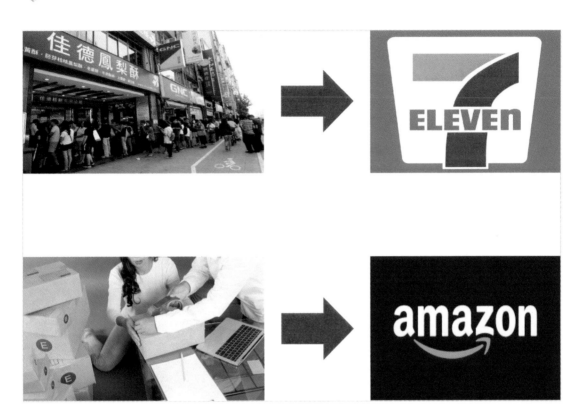

佳德鳳梨酥是台北市著名的伴手禮名店，筆者年節送禮也常到佳德本店去排隊，儘管佳德員工訓練有素，排隊進店、排隊付款仍然要花費 40 分鐘以上，長長的排隊人龍是極佳的行銷話題，但受限於單店的經營規模，營業額的放大受到極大的限制。某一天筆者在 7-11 店內看到佳德鳳梨酥，現在於都會區、觀光區的門店都可以買到佳德鳳梨酥了（雖然無法挑口味）。

許多名店為了維持商品品質、品牌商譽，堅持不開分店、不授權加盟，當然大大限制了企業發展，也因為專注於本業，因此品牌得以屹立百年，上面的佳德在專注本業之餘，與 7-11 進行強強聯手，擴大通路又不必擔心影響品牌聲譽。

在行動商務的時代，人人一支手機，透過 App 隨時上網一鍵下單，24 小時、全球下單，由上一節的數據可知：Amazon（全球龍頭）的規模是 momo（台灣龍頭）的 140 倍以上。在全球電子商務中，通路所提供的更是全球運籌服務，廠商只要專注商品：設計→開發→生產，後續作業：倉儲→物流→販賣，全部由通路提供一條龍服務，這就是「專業分工」，企業只要專注於核心競爭力項目，其餘都委外作業。

學校不再聘工友了，清潔工作委外發包給保潔公司，校園門衛委外發包給保全公司，不滿意就不續約，更不用負擔退休金，學校只要專注於「教學」即可。

郵局多角經營

郵局是一個人人熟悉的公營連鎖店,但隨著時代的演進,電子郵件、通訊軟體取代了傳統信件,超商的宅急便業務也大幅侵蝕了郵局包裹業務,因此郵局的業務急速萎縮,面臨重大經營危機。

郵局的傳統業務雖然前景堪憂,但卻是個腰纏萬貫的富二代,中華郵政在全國各地設有郵局 1,322 處,這些營業處幾乎都是位於各地精華區的自有店面,可說是台灣的地產大亨。前面說了「通路為王」,郵局就是個巨大的通路,只是商品、服務過時了,只要引進熱門商品、服務,或與知名企業進行策略結盟,便可快速導入複合式經營,其實這些工作中華郵政一直都有默默在進行,因為前身是國營,因此低調,所以「默默」。

郵局這個品牌在一般人心中的印象是:可靠的,而且金融方面的業務也一直獲得消費者的青睞,因此在既有的通路系統下,只要能找到大開大闔的經理人才,筆者相信中華郵政勢必可以成為一隻睡醒的雄獅。

📍 7-11 策略聯盟

7-11 由美國引進台灣時是「Convenience Store」，是美式簡易商品店，經過 7 年的本土化修正為「便利商店」，台式一站購足經營，目前更進化為「複合式」經營。

7-11 全台 6,000 家店，可以賣什麼呢？筆者戲稱：「親人過世時，進入 7-11 買個殯葬 A 餐，透過 i-Bon 機器挑一下偏好選項，櫃台買單後便有專業團隊到府提供全套服務」，若把這當笑話，那就是讓貧窮限制了你的想像。

都會區、熱門商圈的店租非常貴，只賣一些零食、日用品、雜物，雖然店內看起來人潮川流不息，但只賺到人氣，卻賺不到財氣，因此必須在既有的人流下，提高客單價、毛利率，或是進一步以多元商品創造更多的人流，引進市面上強勢商品進行複合式經營，就是目前 7-11 的創新經營模式。

再者，傳統便利商店已呈飽和狀態，在傳統業務經營上幾乎沒有技術及資本上的障礙，所有的行銷創新也都快速被競爭對手所模仿，因此 7-11 必須進行體制的蛻變，才能再次甩開競爭者的糾纏。

社群：雲端商城

談到電子商務、網路購物，我們首先會想到的當然是 Amazon、蝦皮、Yahoo、PChome 等電子商務平台，不過市場卻悄悄地起了變化…，社群網站平台也做起了生意，這就應驗了：「有人潮就有錢潮」，既然以社交功能把人都騙上來了，那不剝幾層皮怎對得起自己。

購物網站與社群網站的差異比較如下：

	購物網站	社群網站
訴求點	商品性價比 比價格、比規格、比服務	人脈關係 好友推薦、體驗分享、團購
主要商業模式	BTOC 企業對客戶	CTC 客戶對客戶

社群網站龍頭 FB 原本是賺網路廣告費，現在也成立商城，更讓網友在自己社群中帶貨行銷；LINE 是台灣當紅的手機 APP，原本賺的是 APP 表情貼圖的錢，現在一樣成為購物商城。

由這裡可以清楚看出，所有的免費服務都是為了聚集人潮，想想捷運站前的街頭藝人表演，如果要收費人早就跑光了，因為免費所以人越聚越多，只要人多了，自然就有人鼓掌、有人捐錢：「有錢的幫個錢場、沒錢的幫個人場」。

元宇宙

實體商店與網路商店最大的區別在於「體驗」，但物流效率大幅提升之後，隔日免費配送、無條件退換貨便成為常態，消費者享受無壓力網路下單，於是在家體驗商品成為一種新趨勢，因此通路也漸漸由網路平台轉移到「家」。

不論物流有多發達，就是會有時間延遲，假設我在網路上訂了一件衣服，隔日配送到貨後，在家中試穿覺得不錯，但：

- ⊙ 仍想試試「大一號或小一號」的感覺
- ⊙ 或想試試其他花色的
- ⊙ 或希望再挑一雙搭配的鞋子

以上這些狀況都得再重新下單，然後再等一天，這是一種不連續的消費體驗，如果可以透過 VR、AR 進行虛擬實境體驗，那就酷斃了！

元宇宙就是以虛擬實境技術結合實體商務所開創的新產業，目前較為成熟的部分只局限於「視覺」、「聽覺」，因此觀光旅遊、教育訓練、遊戲會是初期發展的重點項目，完整的虛擬實境尚需：「味覺」、「觸覺」，因此元宇宙的發展還有一段很長的路，但總是會來到的！

習題

( ) 1. 有關零售通路的敘述，以下哪一個項目是錯誤的？

    (A) 全球最大零售商是 Walmart

    (B) 全球最大電商平台是 Amazon

    (C) 台灣最大零售商是 7-11

    (D) 台灣最大電商平台是 PCHOME

( ) .2 以下哪一個項目，所對應的不是專業分工？

    (A) 學校將清潔工作委外發包

    (B) 佳德鳳梨酥以 7-11 通路進行販售

    (C) 服飾公司將物流倉儲委外發包

    (D) 醫院聘請大量兼職醫師

( ) 3. 有關郵局的敘述，以下哪一個項目是錯誤的？

    (A) 商品過時   (B) 服務過時

    (C) 毫無希望   (D) 擁有巨大的通路

( ) 4. 以下哪一個項目，是台灣便利超商的前身？

    (A) Mini Store   (B) Convenience Store

    (C) Super Market   (D) Night Market

( ) 5. 對於購物網站、社群網站的敘述，以下哪一個項目是錯誤的？

    (A) 購物網站的訴求點是性價比

    (B) 社群網站的訴求點人脈關係

    (C) 購物網站的主要商業模式是 BTOC

    (D) 社群網站的主要商業模式是 BTOB

( ) 6. 以下哪一個項目，是虛擬實境的英文專有名詞？

    (A) MR   (B) AR

    (C) VR   (D) XR

個案分析

連鎖加盟經營在台灣已經是很成熟的商業模式，藉由科技創新的加持，越來越多的產業導入連鎖經營模式，但由於市場競爭激烈，無法獲得市場認同的品牌也快速退出市場，市場處於在良性循環中健全發展。

這個單元我們著重於：

　⊙ 產業分析
　⊙ 廠商分析
　⊙ 市場競爭

進行較為深入的專題探討！

黑金產業

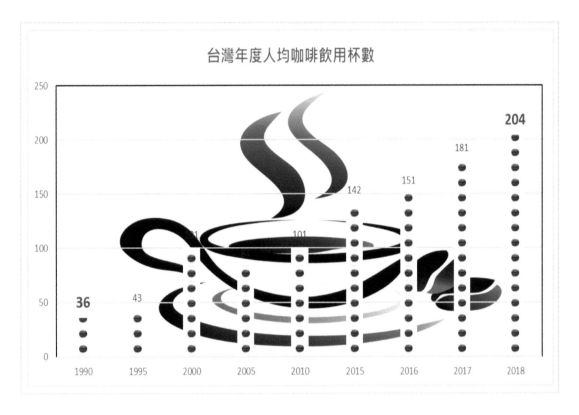

台灣年度人均咖啡飲用杯數

（圖表數值）1990: 36、1995: 43、2000: 101、2005: 101、2010: 142、2015: 151、2016: 181、2017: 181、2018: 204

以下是兩句生活中常用的詞彙：茶餘飯後、粗茶淡飯，「茶」跟「飯」是連在一起的，可見茶在一般人生活中的分量。然而隨著東西方文化交流的密切，咖啡也日漸普及於國內各個階層：不分性別、年紀、職業。

早期咖啡被定義為時尚，喝咖啡的地方就是咖啡廳，漸漸的平民化後，各餐廳也都提供咖啡，許多咖啡愛好者也會購買咖啡豆自行烹煮，目前喝咖啡已是全民運動，任何地方都可買到咖啡，站著、坐著、行進間都可以喝咖啡，早上上班時間各超商排隊的人群大多數都是為了買咖啡！

上圖就是歷年咖啡數量統計圖，根據國際咖啡組織（ICO）調查，台灣咖啡市場一年產值約 800 億元，鄰近國家人均咖啡每年消費杯數比較如下：台灣 204 杯、日本 353 杯、南韓 370 杯，筆者認為台灣與日本、韓國的差距在商業化的程度。

咖啡給人既有的印象就是：提神，高度商業化產生了行業競爭，激烈的競爭讓職場人士時時繃緊神經，因此三五好友聚在一起，喝咖啡聊是非成為最佳的療癒活動，家中、辦公室都有簡易咖啡機，超商、餐廳到處可以買到咖啡，喝咖啡成為一種生活態度。

不同的產業

買一杯咖啡

去咖啡廳...

咖啡只是一種原料，在不同的產業中有不同的價值：

咖啡廳	喝咖啡是一種情調，消費者購買的環境、氛圍，一杯 80~250。
超商	喝咖啡是一種習慣，消費者購買的是飲料，一杯 30~70。

以下我們先釐清個別廠商的行業屬性：

星巴克	以咖啡為主要商品的「餐廳」。
路易莎	以咖啡為主要商品的「餐廳」。
Cama	咖啡專賣店。
丹堤	以簡餐、飲料為主要商品的「餐廳」。
85 度 C	以麵包、蛋糕為主要商品的「門市」。

不同產業的商品定位、行銷策略、客戶關係管理是截然不同的。鄉下路邊的小籠包一籠 35 元，鼎泰豐小籠包一籠 180 元，都是小籠包，卻絕對是同人不同命。

咖啡連鎖排行

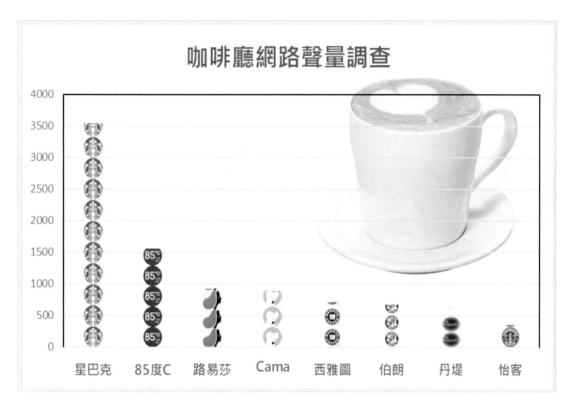

本節的統計圖只是網路聲量比較，標的是跟咖啡有關的連鎖企業，比的並不是咖啡，而是各企業的市場實力，以 85 度 C 與星巴克為例，客群完全不同，而咖啡是這兩家企業唯一的交集。

星巴克是全球咖啡產業龍頭，星巴克連鎖門店的市場地位十分明確：專業咖啡廳，咖啡好、氣氛佳，朋友談心、同事洽公、客戶面談的好場所，最近幾年更是學生 K 書的好地方。

再以伯朗咖啡為例，純粹就是一個商業交流的場所，還提供網路 Wi-Fi，大多開設在辦公精華區，場地寬敞、人流不息，商業模式完全跟咖啡無關，嚴格來說就是個商務中心。

為何興盛一時的茶藝館沒落了呢？筆者歸納出兩點供大家參考：

設備	泡咖啡的器械推陳出新，泡出的咖啡越來越香醇，咖啡機的體積卻越來越小、越智能化、價格越低。
標準化	咖啡豆的品質標準化比茶進步太多，咖啡的價格更是國際化，人為哄抬、炒作的成分較低；筆者長年喝茶，但根本不會去不熟的店買茶，因為季節的關係，品質差異大，分級沒有一定的標準，因此價差更大。

時代演進

江山代有才人出
各領風騷3→5年

| 丹堤 | 星巴克 | 85度C | 路易莎 |

| 餐點咖啡 | 時尚咖啡 | 本土咖啡 | 平民咖啡 |

- 發獎金：吃點好的、買點好的，犒賞自己及家人
- 調薪：買車，提升生活品味
- 升職：買房，進入人生另一階段

隨著個人經濟、社會的經濟條件改進，一般人的消費習慣就會自然跟著改變，預期明天會更好，花錢時就會輕鬆許多，若覺得前景茫茫，花錢時就會一個錢打十二個結，消費者變了，「咖啡」連鎖店經營方式也產生很大的轉變。以下我們就來分析 4 個時期的典型及代表廠商：

丹堤	工商業興起，商家們洽談商務需要一個輕鬆的場所，提供簡餐的咖啡廳就是不錯的選擇，物美價廉。
星巴克	隨著生活水準的提高，對於咖啡品質的要求提高，全球第一品牌星巴克讓台灣咖啡文化更上一層樓。
85 度 C	本土咖啡興起，搭配亞洲式的蛋糕、麵包、甜點，塑造出下午茶文化。
路易莎	喝咖啡成為全民運動，家中、辦公室都有咖啡機，隨時都可來一杯，此時咖啡變成民生必需品，不再是時尚產品，更不是奢侈品。

案例 1：麥當勞

1984年台北民生東路
高級餐廳

2017仰德集團接手
全台350家分店授權

因應俄烏戰爭局勢，麥當勞（McDonald's）於 2022/03/08 宣佈將暫時關閉俄羅斯境內全部 850 間餐廳，關店前夕引發四萬人排隊搶購漢堡，再創 1990/01/31 設立蘇俄創始店的排隊盛況。

台灣麥當勞創始店開設於 1984 年，將台灣餐飲業服務水準提升到一個新的層次，其中有 3 個值得探討的主題：

SOP 標準化作業	生產作業、服務水平、作業程序都不因人而異，成功的作業模式可以複製到每一家門店，大幅降低管理成本並提高服務水平。
ERP 企業資源整合	人事、行銷、研發、生產、財務皆進行整合，充分發揮企業量體的優勢。
CIS 企業識別建立	店門的招牌、店內的裝潢、企業 LOGO、宣傳影片全部進行規範，強力建立品牌價值。

開發中國家引進外資都會給予優惠投資獎勵，基本原因：增加就業機會、建立供應鏈、提高管理水平，而麥當勞就是早期進入台灣的成功外資企業，設置的地點如今都成為了熱門商圈，房地產的獲利遠超過本業獲利。

案例 2：7-11

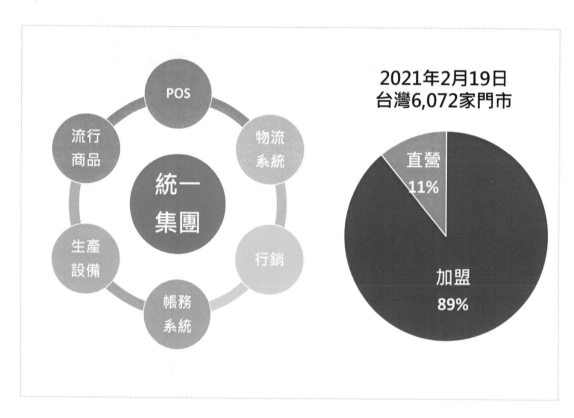

許多來台灣生活過一段時間的外國友人，回母國後最思念的台灣事、物居然是：7-11，原因：太方便了，如果沒有 7-11 台灣會是什麼樣子？無法想像，因為一切都回不去了！

對於 7-11 的成功，筆者歸納出以下幾點：

資源整合	企業總部整合所有資源，所有門店只需專注於客戶服務、門店經營，其他周邊業務全部由總部支援。
利潤分配	將加盟主視為合作夥伴，所有加盟主有利可圖，因此願意遵守總部各項作業準則。
服務創新	充分融入在地生活，勇於開創新產品、新服務，是市場上永遠的創新者。

很難想像，7-11 門店的加盟比率高達 89%，各門店的服務品質居然絲毫不受影響，客戶負評的案例極少，筆者認為完全歸功於企業的「誠信」，企業總部著眼獲利於長期的規模成長，而加盟主獲利於每日勤懇服務的業績，各司其職、分享利潤，這才是連鎖加盟成功的經營模式。

異業結盟：Big 7

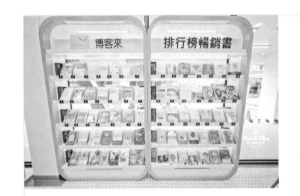

台灣便利超商的發展已有數十年的歷史，小小的國土面積卻容納了超過 12,000 家門市，是一個非常成熟的產業了，產業成熟也代表了同業間競爭激烈→毛利偏低，產業經營進入紅海市場。

中型量販店的代表：全聯，這幾年快速進行轉型，由郊區轉入都會區巷弄間，商品內容與便利超商同質性相當高，又具備價格優勢，再加上擴點迅速，全聯與便利超商可算是類同業，再加上各大零售商紛紛投入線上營運、配送到家的業務，便利超商與量販店已由異業競爭轉變為同業競爭。

7-11 身為全台灣最大零售商，自然不會坐以待斃，他採取的策略是：異業結盟，以複合式經營來進行差異化，更大幅提高商品毛利與營業額，以擺脫同業的死纏爛打、全聯的鯨吞蠶食。

異業整合是一門高深的學問，跟誰整合？如何整合？在哪一種商圈整合？每一個問題都必須經過嚴密的市場調查，成敗的關鍵更在於專案進行的執行力。所幸7-11 的 DNA 中充滿了創新因子，永遠引領市場進行變革，目前可看到的結盟案例：書店、麵包店、美妝店、咖啡廳，這些商品都是高單價、高毛利，對於都會區的高房租有很棒的防禦效果。目前 7-11 更推出：社區健身房、付費商務包廂，這些服務都設在 7-11 門市的 2 樓，可以有效分攤昂貴資金，並開拓專屬消費族群，深耕商圈、社區。

雲端服務站：i-Bon

近 30 年來，商務模式產生了質的變化：傳統商務→電子商務→行動商務，推動進化的 2 大主角：網路通訊技術的進步、通訊基礎設施擴大建設。

在行動商務環境中，所有資訊都必須由紙本進行數位化轉變，才能執行網路通訊的訊息傳遞，這其中有 3 個關鍵角色：

公部門	加速立法，以利電子商務、行動商務的產業發展。
企業端	創新商務模式，快速推出數位資訊服務。
使用者	積極擁抱公部門及企業端，所推出的各項優惠方案及行銷方案。

7-11 在進入行動商務的推廣上十分賣力，其中超商內的 i-Bon（雲端服務站）更是社區居民的好朋友，舉例如下：

文件列印	手機、電腦上傳資料，立即在 7-11 門市中印出，每張 3 元。
繳交稅費	政府稅金、罰款、水電費、私營企業費用代收、…。
購買票券	交通運輸、藝術表演、運動賽事、…。
緊急救助	政府 5 倍券發放、口罩實名制、…。

物流配送

全台郵局只有大約 1,200 的門市，全台便利超商卻有超過 12,000 個門市，便利超商的密度是郵局的 10 倍，「近、方便、免排隊」就是便利超商競爭的利器。

由於網購的普及化，物流的需求快速放量，目前所有便利超商都在門店內設立包裹郵件專區，有些門店還導入顧客自取的標準作業程序，以降低各門市的人力需求，蝦皮購物在線上購物的業績不斷增長的狀況下，更成立了「蝦皮店到店」連鎖加盟體系，主營郵件寄送的物流服務。

一般人看到的物流：

- 門市：郵件的收件、取件。
- 物流車：郵件包裹的運送。
- 物流中心：郵件包裹的集中、轉運。

這是一個資本密集產業，物流中心不夠多，轉運效率就無法提高；門市不夠密集，消費者就不方便；郵件不夠多，服務單價就無法降低，所以這是一個大者恆大的產業。再者，郵件成長速度非常快，物流中心的作業複雜度也呈現指數級成長，因此物流中心的作業優化、軟體優化是天天進行中，所以物流更是一個經驗累積的產業。蝦皮自認為掌握上游的訂單，就想吃下下游的物流配送，但筆者並不看好，能夠進行產業垂直整合的電商企業，全球也只有 Amazon 一家。

📍 商業邏輯

獲利重要還是市占率重要？筆者年輕時毫不猶豫會回答：「當然是獲利重要！」，企業要生存當然必須獲利，獲利的經營哲學人人都聽得懂、學得會，但全球一流的大型企業卻卯足全力的讓利給消費者，這種傻瓜式的經營哲學就沒人模仿了，Amazon、Walmart、Costco 都是如此，這些企業所要的是經濟規模，利用讓利來寵壞消費者、累積市占率、擴大企業體量，一家店無論多成功，也只是土豪；一旦有了 10,000 家店，獲利就乘上 10,000 倍，僅管只賺微利，也能成為首富！

便利商店不斷地擴點，增加門市密度的同時，也同步增加社區消費者的黏著度，客戶變多了之後，商品流通性增加，各門店獲利自然增加，這是門店的良性循環。但門店的密集度太高時，就會形成互相搶客、單店來客數降低的問題。

其實門店數大幅增加的同時，企業總部所獲得的資源會更多：

⊙ 採購規模擴大，有利於降低進貨成本。

⊙ 物流規模擴大，有利於提升配送績效，降低配送成本。

⊙ 門市規模擴大，單店行銷費用降低。

⊙ 企業體量變大，研發經費龐大，有助於創新商品、服務的推展。

便利超商幾乎變成了 Everything Store，社區居民來店的頻率變高，來店客單價也不斷提高，完全可以抵銷來客數降低的問題，慘的是其他產業默默地消失了！

案例 3：85 度 C

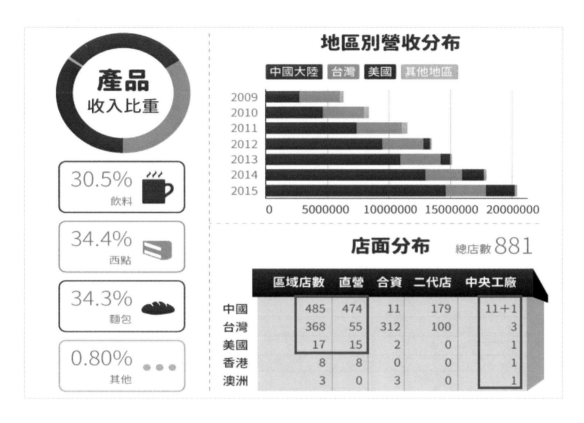

85 度 C 咖啡的主力產品是：西點麵包，佔總營業額的 69%！

85 度 C 在台灣的發展已進入成熟期，市區中到處可見，但再也看不到排隊的人龍，無論是賣咖啡的還是賣麵包的，在台灣都會區市場都呈現飽和，因此創業初期所產生的旋風效應已歸於平淡。

日式西點麵包與歐式西點麵包是完全不同的商品，日式麵包細緻柔軟，歐式麵包原始有嚼勁，台灣多數的西點麵包承襲日式，而 85 度 C 也是。在台灣市場日漸飽和的情況下，近年來大規模進軍中國、美國市場，中國市場由於人口優勢，因此展店快速，但近期受 Covid-19 疫情影響，業績呈現大幅度震盪；而筆者在 2021 年疫情期間 3 度前往美國南加州 Irvine，每一個星期都到 85 度 C 門店購買西點麵包，隨時都是排隊人龍，在歐美市場這種日式西點麵包更是奇貨可居。

85 度 C 的經營有以下 2 個特色：

中央工廠	確保商品品質。
分店類型	創業之初，需要大量資金快速展店，因此台灣市場以合資店為主力，企業成長穩定後，為確保企業永續經營，開始愛惜品牌，因此後續開拓的中國、美國市場是以直營店為大宗。

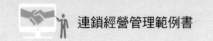
85 度 C：因地制宜的展店選址

台灣	中國	美國
三角窗理論	商場和地鐵沿線	交通便利的購物商場中

北部人跟南部人不同，台灣人跟美國人不同，不同的價值觀、消費習慣、商業行為，因此企業進行跨城市、跨國展店時，必須深入了解當地的特殊市場規則及消費者特性，最直接的方法便是在規劃、展店初期聘請在地人作為高階經理人，以便確實掌握區域特性。下面我們就來探討 85 度 C 在不同地方的門店選擇策略：

台灣	台灣地狹人稠，尤其是都會區，街道上行走的路人相當多，因此一樓店面便成為實體店面的最佳選擇。而馬路口交會的 4 個位置，我們俗稱三角窗，是人流匯集的黃金點，因此地價最高，租金也最貴，85 度 C 早期在台灣展店首選就是「三角窗」店面。
中國	中國是一個大陸型國家，城市的規模遠大於台灣，上海的人口有 2,600 萬，是台北人口的 10 倍，相鄰地區間的距離都很遙遠，人們多半是以地鐵或電動自行車作為交通工具，因此在街上瞎逛的情形並不多見。地鐵站是人潮聚集地，而商場便依附於地鐵站周邊發展，85 度 C 中期到中國展店選址的首選便是「地鐵站」。
美國	美國是一個地廣人稀的國家，人們出門的交通工具以汽車為主，各地區的 Shopping Mall 就是平日社區居民逛街購物的場所，商場內有非常廣大的停車場，並提供一站購足的所有商品及服務，因此 85 度 C 晚期到美國展店選址的首選便是地區的「購物中心」。

市場比較：美、台、中

最低時薪：15美元：160台幣：20人民幣

薪資比　：　5　：　2　：　1

麥當勞在美國是工薪階級的餐廳，30 年前到了台灣卻變成高級餐廳，今日在台灣演變為大眾食品，在中國的麥當勞也還是高貴食品的代表，為何在不同的時空下，品牌形象有如此巨大的變化呢？主要原因在於國民所得。

當國民所得低的時候，麥當勞這種外來食品的各項經營成本都相對偏高，對於當地居民而言，舶來品就是高級的代名詞，人們也願意支付較高的價格來購買，因此麥當勞在經濟落後地區就是高級品牌。今天台灣國民所得相對於 30 年前已大幅提升，外國品牌也大量引進台灣，因此麥當勞在台灣逐漸回復其原有定位：平民速食；而今天的中國雖然經濟發展迅速，但人均所得依然偏低，再加上山寨文化盛行，因此今天的國外品牌在中國依然是「高貴」的代名詞。

市場定位是在地化經營勝敗的重要關鍵，定位錯誤便會對市場發出錯誤的資訊，更無法獲得消費者的認同。85 度 C 在台灣的市場定位為平民餐飲；在中國為新創外來品牌，價格定位在中高價；而在美國的形象是亞洲美食，價格定位同為中高價。正確的市場定位讓 85 度 C 在中國、美國的市場都能獲得極大成功。

商業邏輯

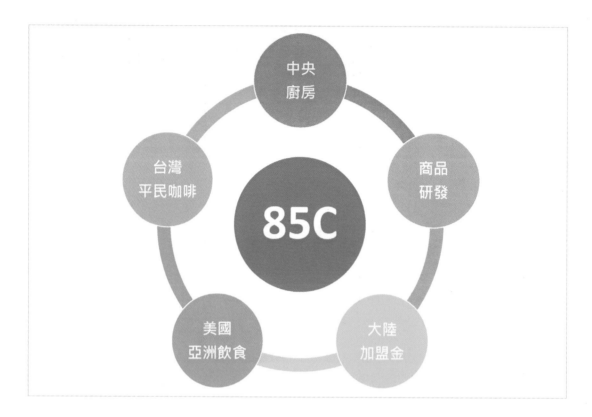

台灣人的傳統飲料就是茶，尤其烏龍茶更是普及，而咖啡是 100% 的外來文化，早期只有少數人喝咖啡，隨著教育普及、文化交流、所得提高，辦公室的白領喝咖啡的比例提高了，有一句很貼切「喝咖啡聊是非」，描述的就是時下的辦公室文化。

星巴克、西雅圖極品咖啡都是貴森森的外來品牌，動輒 150 元一杯的咖啡，85 度 C 算是啟動台灣平民本土咖啡的大功臣，價格大約只有 1/2，又取了一個好名好姓「85 度 C」，配上西點麵包成為了小資族的下午茶首選。

為了維持產品的品質，85 度 C 採用中央廚房提供所有門店的商品，對於溫控要求度很高的西點來說是一大挑戰，此外 85 度 C 還首創面門外走廊的營業模式，三五好友在室外喝咖啡聊是非，對於路過的行人就是一種活廣告。

海外開拓市場的部分充分因地制宜，採取在地化經營，在品牌定位上完全脫離台灣的本土廉價形象，搖身一變成為舶來品。筆者在台灣未曾到 85 度 C 消費過，只曾在開車路過時看到招牌及店面，它的門店大多開設在 2 級或 3 級商圈，但在美國南加州卻是開在 1 級商圈，而筆者就是每星期都報到的常客。

鮮芋仙在台灣的連鎖經營門店每下愈況，但在美國南加州也是紅紅火火，這些都證明了不是品牌問題，而是每一個區域的經營環境與應對策略都非常重要！

案例 4：房屋仲介

家（房）是精神的託付：沒有家就沒有根，只能不斷的漂泊流浪。

亞洲人鍾情於擁有房子，許多人認為有土（屋）斯有財，更將房屋視為主要的理財工具，因此房地產炒作在亞洲國家特別嚴重，各國政府偏重短期經濟發展的成果，更導致居住正義極端的扭曲，在這樣的環境下，房屋仲介是一門火熱的生意。但在房價暴漲暴跌的市場中，房屋仲介產業的發展也是忽冷忽熱，由於市場變化過於激烈，單一、獨立、小型房仲商難以撐過景氣寒冬，因此房仲產業逐漸汰弱留強，更進一步朝大型化發展。

在法令不完備的時代，房屋仲介就是鄰里間的生意，性質跟媒人一樣，促成交易領取紅包，隨著經濟發展、時代進步，房屋仲介就是一門需要專業知識的工作，除了媒介之外，買賣合約、產權轉移、…，更需要符合法規的專業知識與認證。

經過幾十年的發展，目前台灣房仲產業已趨於成熟，各大集團分食市場的局面已定，分別採用不同的連鎖經營策略：

> 直營：信義房屋
> 連鎖：中信房屋、東森房屋、住商不動產
> 雙軌：台灣房屋、永慶房產、太平洋房屋

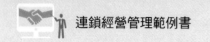

房仲集團加盟條件

房仲集團	品牌	加盟權利金	保證金	月費
永慶房產集團	永慶不動產	含裝潢費80萬元	20萬元現金，200萬元本票	8.5萬元
	有巢氏房屋	30萬元		2.5萬元
	台慶不動產	20萬元		1萬元
東森房屋	東森房屋	約25萬元	25萬元現金，75萬元本票	均價3萬元，台北市7~8萬元不等
	森活不動產	約10萬元	25萬元現金，75萬元本票	首年免月費
台灣房屋	台灣房產	30~55萬元	20萬元	4~6萬元
	優美地產	10~30萬元		2~4萬元
單一品牌	太平洋房屋	台北市25萬元	台北市25萬元	台北市5~6萬元不等

上表所示各家加盟條件差異性極大，影響的因素有以下幾點：

地區	都會區、商業區的月費相對偏高，考量因素應是相對交易金額大，各加盟店對於高月費的耐受力也較高。
品牌	品牌知名度較高者，權利金就相對偏高，這個原則適用於所有連鎖加盟產業，因為品牌值錢，消費者認同度高，生意就好做。

除了加盟權利金、月費之外，房仲加盟主還需提存保證金。以永慶集團而言，居然高達 200 萬，這就充分顯示出行業風險，品牌企業為了降低風險，因此要求加盟主提存高額保證金，以應付後續可能的交易賠償。

保證金制度在先進國家相當盛行，這是一個相當棒的制度，更是保護消費者與維護企業品牌的雙贏體制，當然對於加盟主而言卻是一種成本，但以永續經營的觀念來說，這樣的成本是必須的。

房仲：經營概況

房仲品牌	店數	營業額(註)
信義房屋	380家	80.9億元
永慶房產集團	859家	63億元
東森房屋	412家	73億元
台灣房屋	371家	61億元
住商不動產	455家	60億元

一次性費用	
加盟金	20~100萬
裝修、設備	100~300萬
每月費用	
授權月費	2~13萬
水電費	1~4萬
行政管銷	7~15萬

經營成本概算

	A級店	B級店	小型店
店租	15萬	10萬	5萬
營業員	25人	16人	10人
月營業收入	180萬	125萬	80萬
月成交額(兩平)	3500萬	1800萬	1500萬

左上方資料	信義房屋營業額排名第 1，店數卻只有第 2 名，連永慶房屋的 1/2 都不到，表示信義房屋的單店營業額大幅領先同業，筆者的解讀： • 直營店的單店規模一般大於加盟店的規模。 • 直營店的管理比加盟店嚴謹，整體戰力較高。
右上方資料	由每月水電費、一次性裝修費可以看出門店規模大小差異極大，也可以推論出以下結果： • 授權費、加盟金應該與門店規模成正比。 • 一次性費用：120~400 萬，每月費用：10~32 萬。
正下方資料	門店開設前會先進行商圈評估，以決定開設門店的等級：A 級、B 級、小型，上面的資料僅供參考，是一般性原則，例如：A 級應該是面積較大、業務員較多的門店，但也可能是位於蛋黃區中的小面積、業務員較多的門店，因為門店租金費用高，因此必須提高坪效，業務員都出去跑單的情況下就不需要太大的辦公空間，交易物件平均單價也高，因此可以負擔高房租。各位只要看看 7-11 在都會區的門店，再比較一下 7-11 開在郊區的門店，就可知道門店面積大小與營業額並不一定成正相關，關鍵因素反而是：Location。

商業邏輯

與一般連鎖加盟體系做比較，房仲產業有以下 4 個特點：

單價高	對一般人而言，購屋、賣屋都是一輩子的大事，一輩子也大多只有一次，因為相對於薪資所得，房子的單價實在是太高了，一般人得存一輩子的錢才買得起一間平房，或當一輩子的房奴，償還幾十年的貸款。
代書專業	房屋買賣涉及到資產轉移，流程中：簽約→用印→完稅→交屋，都牽涉到專業法律知識，因此從業人員必須取得「地政士」證照，才可以執業，合約若需要「公證」，更必須由律師事務所辦理，所以房仲業的後勤支援就是龐大的專業人士團隊。
糾紛多	俗語說：「財帛動人心」，面對幾百萬到幾十個億不等的高價交易，人人都會動心，正仁君子就貪應得的仲介費，心術不正的就欺上（賣方）瞞下（買方），謊報價格賺取差價就是最常見的招數，更多是為了促成交易而隱瞞屋況：海砂屋、凶宅、結構瑕疵…。
品牌經營	由於交易金額過大，因此一般人都會小心翼翼，幾十年前房產交易幾乎都是透過親戚朋友介紹，彼此熟識心理上較為安心，事實上卻更容易產生詐騙。近幾年來，所有房仲商也不斷強調在地經營，更積極實施履約保證制度，以降低交易糾紛並提高消費者信心。

履約保證

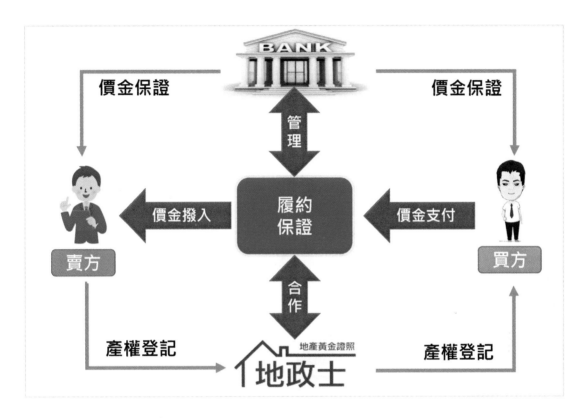

在買房簽約過程中，除了買賣契約以外，會發現還要簽屬一份買賣價金履約保證申請書，而且後續付款還有指定的專戶！

履約保證的意義在於房地產交易牽涉金額龐大，為保障買賣雙方權益及維護交易安全，通常會在交易過程中，委託第三方機構去做買賣價金、文件的保管，或是對於特殊情形有契約指示權，避免交易過程中任何瑕疵情形產生。

簡單來說，假設 A 買方想要購買 B 賣方的房產，則在交易過程中，委由 C 公司作為公正的第三方進行價金保管、稅費繳付、過戶及結算轉帳等事務（有點像你在蝦皮購物，你所付的錢是先付到一個專用帳戶，當你收到貨確認無誤之後，蝦皮才會再把錢撥付給賣家）。

案例 5：連鎖藥局

長青：333　　　幸一：277　　　大樹：261　　　維康：205

佑全：124　　　耀獅：100　　　丁丁：83　　　啄木鳥：62

全國約8,000家藥局　　　連鎖加盟比例：18%

藥局在台灣是非常普遍的，大街小巷都看得到，正所謂：「有病治病，沒病強身」，把藥當成維他命來吃，一有頭疼腦熱的小病症就到藥局買藥吃，更有人因為健保自付額太低，養成天天上醫院拿藥吃的畸形發展。

開設藥局是必須有藥劑師執業的，藥劑師的專業門檻相當高，幾乎全部是科班出身，絕對不是一般人自習、補習就可考照通過的。在醫藥未分離的時代，藥局的主要業務就是販賣成藥，幾乎用不到專業知識，主要獲利來自於推銷高價保健品，是一種不健康的行業發展。

醫藥分離後，藥局中的藥劑師的業務才回歸到正軌「配藥」，所有醫師開立的處方籤由藥局的藥劑師負責配藥，慢性病處方箋則是週期性的到藥局領藥，因此有了固定的客源。

由於藥局需要藥劑師的專業資格，而且藥局從事行銷活動也有違善良風俗，因此早期藥局的規模都很小，多半是一人店或夫妻店，單店的經營成本才會偏高。隨著醫藥分離制度的開展，藥局的業務產生了質的變化，多個藥劑師合夥開店的模式變多了。藥廠為了方便各藥局訂購藥物，降低整個物流成本，因此也開展連鎖加名的經營模式，由於行業對於專業性的要求，藥局的連鎖加盟著重於「物流」資源整合，各加盟店的經營、管理都是獨立的。

藥品通路商分類

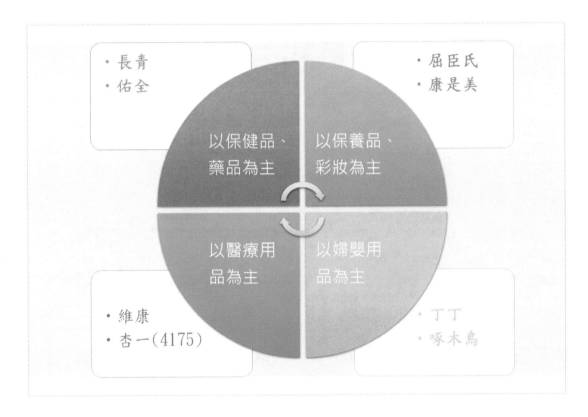

隨著產業發展的進化，藥局也開始注重專業分工，以下是 4 個不同性質的連鎖通路介紹：

藥品 保健品	這就是沿襲傳統藥局業務。
保養品 彩妝	隨著經濟發展，粉領小資族快速成長，而美妝牽涉到皮膚的健康，因此需要專業呵護，這是目前成長性最高的部分。日本、韓國是美妝保養品的品牌大國，因此市面上多數是日式藥妝店。
醫療用品	商品偏向：檢驗器材、復健工具，這類的店一般開設在大型醫院附近，而且具有明顯的群聚現象，因此一條街走下來就可以找到所需商品，也是一種另類一站（一條街）購足的概念。
婦嬰用品	少子化的結果勢必讓婦嬰用品市場規模萎縮，但卻更走向精緻化，筆者爸媽的年代，平均每個家庭有 4~5 個小孩，就把小孩當豬養，現在的家庭平均 1~2 個小孩，個個都是寶，因此爸媽爺爺奶奶都捨得花，一輛勞斯萊斯等級的嬰兒推車，要價幾萬元的很普遍。

市場變化

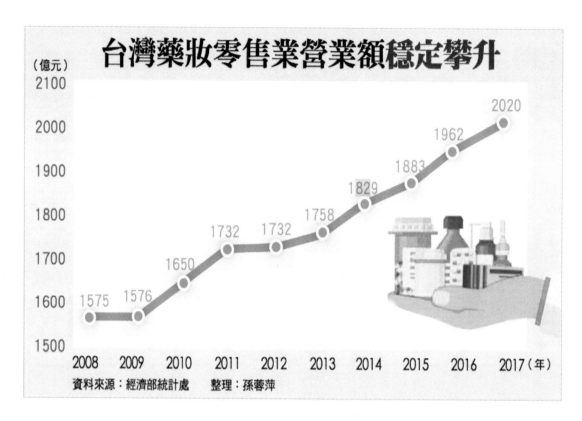

台灣藥妝零售業營業額穩定攀升

（億元）

年	數值
2008	1575
2009	1576
2010	1650
2011	1732
2012	1732
2013	1758
2014	1829
2015	1883
2016	1962
2017	2020

資料來源：經濟部統計處　整理：孫蓉萍

藥（藥局）妝（美妝）在銷售通路中原本是兩個沒有交集的產業，但在生產端卻是同一來源，藥品與化妝品都是化學製品，唯一的不同是銷售通路。

隨著經濟發展，上班族成為社會的主力部隊，女性進入職場的比例大幅提高，在經濟獨立的前提下，更學會愛自己，因此美妝產業開始蓬勃發展。在追求美麗的同時，平日的養生對於愛美人士而言更是每日的功課，尤其是工作壓力大的職業婦女，因此藥局的養生保健品成為了暢銷產品。

人們開始注重休閒、養生時，健康就與美麗連結在一起，要活得久更要活得精采，更何況美妝產品直接接觸皮膚，若無專業醫師、藥師做背書，將化學品塗在臉上是很可能發生「毀容」事件的，因此將美妝產品移入有藥師執業的藥局，就是一個完美的異業整合。

藥妝店賣的是：醫療→健康→美麗，針對的是有錢有閒的消費族群，此類客群對品牌要求高，因此朝向大型連鎖經營發展，美妝品的單價、毛利都高，可以承受高價的房租，因此門店都開設在一級戰區，尤其是都會區的捷運站出入口。

台灣目前的經濟發展將要邁入已開發國家行列（人均 GDP 3.5 萬美金），即將超越韓國，因此藥妝業也隨著經濟發展穩定成長，高齡化社會更為藥妝產業帶來蓬勃商機。

 商業邏輯

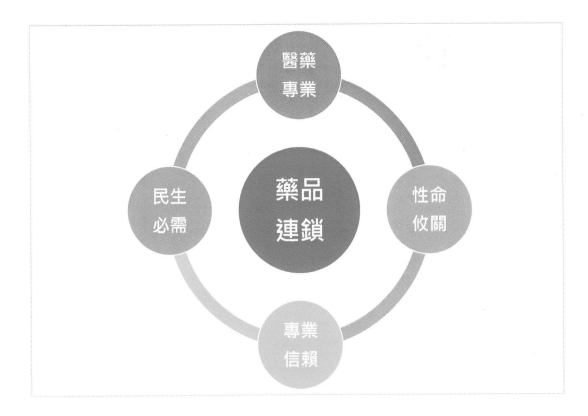

俗語說：「是藥三分毒」，因此用藥需專業、謹慎，而醫藥分離：「醫師開藥→藥師配藥」更是讓用藥過程多了一層專業把關。

「藥品」與其他商品是完全不同的，例如：從沒有看過「藥品」促銷，若無必要醫生更是建議感冒病患回家多休息、多喝開水，不需要吃藥，但保健品卻是藥局大力促銷的商品，強調的是「長期」療效，而影響療效的因素眾多，因此事後即使無效也難以追究，但在服用的當下，當事人自我催眠的效果，卻可能產生很大的心理作用，說穿了就是買心安。但保健品更需要醫師、藥劑師的加持，就如同求神拜佛，雖然說在任何地方膜拜都是心誠則靈，但人們卻更相信在廟中，有神佛見證更顯虔誠。

藥劑師是整個藥局的靈魂，他的專業可以確保配藥的正確性，更可為醫師把關。一般的成藥需要藥劑師的推薦，隨著藥商的強力廣告，消費者對於成藥也有品牌認同的傾向，但這只是熱門成藥（感冒、頭痛、拉肚子），不常見的症狀還是必須借助藥師的推薦，再來就是藥劑師自行配藥，這部分才是社區居民對於藥劑師的信任，更是藥局中毛利最高的服務。筆者感染 Covid-19 時，政府無法提供任何醫療方案，基層醫療院所又不敢提供醫療服務時，筆者就只能到藥局請藥劑師配藥，平日老毛病發作時：痛風、肌肉痙攣，也不必到診所看診，就是直接到藥局配藥，這才是社區醫療體系中，最堅實可信的單位。

案例 6：夾娃娃機

夾娃娃機原本是商場中的配角，多半安裝 1~2 台在商店的角落，突然間許多歇業的店面轉變為夾娃娃機專門店，整家店都是夾娃娃機，夾娃娃機產業採行「場主／台主」共同經營的模式，由場主提供場地（包括環境維護、機台修繕等），而機台的管理、內容物則由台主們自行負責。

經濟走下坡，再加上電子商務盛行，許多管理不善的實體商圈日漸沒落，商圈內不堪虧損的商家就一一結束經營，所謂的黃金店面便大量出現招租的布條，當房東不願意大幅降低租金時，長期招租的店面提供夾娃娃機產業崛起的機會。

夾娃娃機業者與房東簽訂超靈活租屋合約，房東可以在租屋給夾娃娃機業者的同時繼續招租，一旦重新找到合適的租客，夾娃娃機業者立刻遷出，因此房東可以提供夾娃娃機業者相當優惠的租金，甚至採取共同經營業績分成的租約模式，對於房東來說是相當不錯的權宜措施。

每一部夾娃娃機的底部都裝置滑輪，當經營地點改變時，一部卡車＋一個司機＋幾個小時，就可輕易完成搬遷的作業。業者租下一個店面後，再分租給數個小型機主，承租的機主自己照顧自己的機器，因此每一部娃娃機都各具特色，玩家就會有不同娃娃、禮物的選擇。

APP 線上夾娃娃

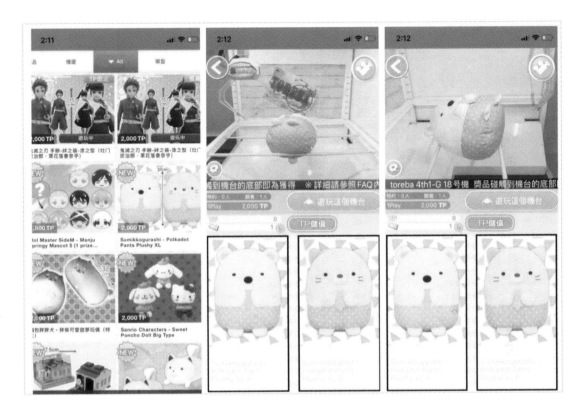

物聯網的時代,萬物皆可連網,當手機連網、娃娃機也連網,就可使用手機操控遠端的娃娃機,如此一來,任何地點都可設置娃娃機,任何時間、地點也都可上網抓娃娃。

這是一般人的商業模式,將實體操作轉換為遠端操作,這樣的創新並沒有產生無可替代的價值,就如同目前市面上的智慧型家電產品,只有提供遠端遙控功能,並未真正具備「智慧」,因此普及率並不高。

是否想過將娃娃機也由實體機改為程式模擬機,也就是電玩?玩家利用 AR 裝置在虛擬實境中抓娃娃,再更進一步,抓到的娃娃就養在虛擬世界中,也就是雲端電子寵物,是不是有些元宇宙的概念了!

物聯網下需要創新商業模式,而不是將實體通路轉移為線上通路,創新必須要能凸顯出雲端、虛擬的優勢,以創新商務模式開創新商機!

 商業邏輯

夾娃娃機店為何能在市場中快速崛起並且遍地開花，以下是筆者觀察市場現象所歸納的心得：

⊙ 夾娃娃機店與百貨公司的性質基本上一樣，都是經營賣場，然後將鋪位分租出去，差別如下：

百貨公司規模大、資本高、商品多元、店址固定

夾娃娃機店規模小、資本低、商品單一、店址可移動性高

⊙ 經濟景氣時，人們對前景充滿希望，花錢講究一個「爽」字，因此高檔的百貨公司、餐廳、娛樂場所都門庭若市；當經濟蕭條時，消費者會盡一切可能削減開支，花錢講究一個「省」字。

⊙ 經濟不景氣了，小商家付不起高昂的店租了，商圈跟著沒落了，但店面空著就是可惜，原本租不起店面的業者就找到機會了，反正空著：

A. 不如便宜租人當個臨時賣場

B. 自己或親戚做個小生意

因此空店面就成了不需要裝潢的臨時賣場或夾娃娃機店，往好的方面說，只要有店在經營就可以維持商圈的人氣，不過實際的狀況卻是商圈的形象、格調都走味了，無人管理的娃娃機店雖然可大幅降低管理成本，卻也是龍蛇混雜的治安死角。

案例 7：連鎖加盟旅館

國際觀光旅館如萬豪酒店，在經營管理上有非常成熟的標準作業流程，在市場通路方面與旅遊業緊密結合，在龐大的規模財力下，對國際性商業、旅遊雜誌也都進行持續性的廣告投放，不但推出眾多的促銷活動，更可結合各地方政府觀光活動。像這樣的商業模式，對於中小型國內旅館只能搖頭怨嘆：「同人不同命」！

連鎖加盟可以整合現行的小旅館為大集團，共同行銷、共同管理、共同人才培訓、…，也就是：資源整合 + 標準作業流程的建立。這個做法首先衝擊的就是各旅館原有的經營模式，軟體 + 硬體都得砍掉重練，老闆雖然仍是旅館的所有人，但必須釋放出經營權，或遵守加盟體系的經營模式，委身為店長。如此一來，就可享受集團酒店的各項優勢。

旅館業是一個純服務行業，每一天的固定成本超過95%，當天沒出租的房間無法被儲存下來，原本租不出去的房間收入為0，若能以5折出租就等於淨賺50%，這就是純服務業的成本概念。因此淡旺季的差別訂價是旅館業的常態，以市場供需動態調整價格，或以優惠價格將房間提供給通路：旅行業、網路平台，只要能賣掉都是淨賺。

旅館業連鎖經營所產生的優勢：

A. 集體議價能力　　B. 管理品質提升　　C. 品牌效益

商業邏輯

旅館業兩大客源：

觀光旅遊	觀光客不怕花錢就怕不夠奢華，因此觀光飯店朝向大型化、精緻化發展，此類業務受景氣及淡旺季影響甚鉅。此次 Covid-19 全球都採取關閉機場的防疫措施，觀光飯店幾乎全部陣亡，只有口袋夠深的國際財團可以撐住。另外有些旅館轉型為「防疫」旅館，試圖拉長戰線等待轉機。
商務住宿	所有公司每年都有固定的商務出差活動預算，這是一個相對穩定的市場，另外出差客因為舟車勞頓，對於旅館的要求偏向舒適與整潔，因此大多會選擇熟識的旅館。儘管 Covid-19 來襲，初期恐慌情緒下也無人敢出差，但商務活動終究還是得進行，訂單還是得接，因此復甦會比觀光旅館來得快。

目前許多商務型旅館都會與企業簽訂優惠方案，對於企業而言，除了可以享受優惠房價外，還可避免在旅遊旺季出差時，訂不到房間或房價過高的窘境；而對於旅館而言，旅遊淡季時可獲得穩定的客源，因此是雙贏的經營模式。

目前興起的網路訂房平台，就是利用搜尋引擎強大的運算能力，整合供（旅館）需（消費者）雙方，促進旅館產業的交易效率，也為沒有能力從事行銷的小旅館提供一條生路，其實這也是另類的連鎖：共同行銷。

案例 8：服務平台

任何行業都會有個體戶、小商家，它們受限於資源規模，只能在傳統市場中，從事鄰里社區的生意，物聯網的崛起正好提供了新型的商業模式「平台」經濟：

Uber Eats 美食外送平台	整合餐飲商家、外送員、消費者，平台業者投資於平台 APP 開發，招募商家、外送員，大打廣告建立品牌，所有餐廳都可加入 Uber Eats 連鎖體系，隨時可加入、退出，彈性又方便。
Trivago 訂房平台	平台業者投資於平台 APP 開發，整合國內、外旅館資房源，大打廣告建立品牌，所有旅館都可加入 Trivago 連鎖體系。
55688 計程車平台	台灣大車隊本身就是一個連鎖加盟體系，旗下會員都是個體計程車司機，平台的 APP 讓消費者叫車更容易，加盟司機不必在街上閒逛，客戶服務管理更到位，算是傳統行業與時俱進的革新。
Amazon 跨境電商平台	全球小商家都可在 Amazon 商城中進行交易，Amazon 提供一條龍服務，包括：商城建置、倉儲、物流、通關，平台上的商家只要專注於商品開發及客戶服務即可，過程中的雜事由 Amazon 全部包辦，Amazon 就如同網路上的百貨公司，每一個商家就是跟 Amazon 租櫃位，更提供倉儲物流服務。

範例 9：個體戶集合

麟洛鄉果菜運銷合作社
LINLUO Veggies & Fruits Marketing Co-op Association

前面的案例都是具有大眾化市場的特性，本節所介紹的是小眾市場的整合：

聯合診所	多位專業醫師共用一個招牌、醫院，有些是同一個專科，以達到資源共享費用分攤的效果；有些是不同專科，可以達到集市的效果，就是所謂的綜合診所。
聯合事務所	性質跟聯合診所一樣，可以是聯合律師事務所、聯合建築師事務所、聯合代書事務所，大家共用辦公場所，更達到集市效果，對於消費者而言，可以有一站服務到底的方便。
果菜運銷合作社	將個體農戶集合起來，集體行銷、集體配送，甚至集體購買肥料、種子，藉由合作社的架構，讓個別小農降低成本、提高效率。
小農市集	架設網站，讓小農們可與終端消費者進行直接銷售，如此可大幅提高農產品的價值，進一步導入精緻有機農業，利用 IoT 物聯網技術，消費者更可融入農作物生長全過程。

習題

( ) 1. 連鎖加盟經營模式在台灣蓬勃發展，以下哪一個項目是本書主張的關鍵因素？

    (A) 科技創新　　　　　　　　(B) 金融創新

    (C) 製造創新　　　　　　　　(D) 教育創新

( ) 2. 以下哪一個項目，是俗稱的黑金產業？

    (A) 石油　　　　　　　　　　(B) 咖啡

    (C) 煤炭　　　　　　　　　　(D) 巧克力

( ) 3. 有關咖啡的敘述，以下哪一個項目是錯的？

    (A) 超商咖啡賣的是飲料　　　(B) 星巴克咖啡賣的是環境

    (C) 提供環境的咖啡價格較高　(D) 超商咖啡味道較差

( ) 4. 對於咖啡廳與茶藝館興衰的比較中，以下哪一個項目，不是本書所提及的關鍵因素？

    (A) 價格　　　　　　　　　　(B) 工具的革新

    (C) 商品標準化　　　　　　　(D) 辦公室文化

( ) 5. 以下的配對組合，哪一個是不精準的？

    (A) 丹堤 → 餐點咖啡　　　　(B) 星巴克 → 時尚咖啡

    (C) 85 度 C → 貴族咖啡　　　(D) 路易莎 → 平民咖啡

( ) 6. 以下哪一個項目，不是開發中國家引進外資給予優惠投資獎勵的基本原因？

    (A) 增加就業機會　　　　　　(B) 建立供應鏈

    (C) 創造外匯　　　　　　　　(D) 提高管理水平

( ) 7. 以下哪一個項目，不是本書歸納 7-11 成功的原因？

    (A) 毛利高　　　　　　　　　(B) 資源整合

    (C) 利潤分配　　　　　　　　(D) 服務創新

( ) 8. 台灣的便利超商，總共約有幾家門市？

    (A) 3,000　　　　　　　　　(B) 7,000

    (C) 10,000　　　　　　　　(D) 12,000

（　）9. 以下哪一個項目，是 7-11 店內的雲端服務站的名稱？

(A) ibon
(B) 7-11-Cloud
(C) Smart Cloud
(D) Hi-7-11

（　）10. 有關台灣便利超商的敘述，以下哪一個項目是錯誤的？

(A) 郵寄包裹比郵局便利
(B) 無法寄送冷凍食品
(C) 提供網購商品的取件
(D) 可購買演唱會門票

（　）11. 有關於規模經濟的好處，以下哪一個項目是錯誤的？

(A) 可降低進貨成本
(B) 可降低各門店行銷費用
(C) 可擴大市佔率
(D) 用來提升短期獲利

（　）12. 有關 85 度 C 的敘述，以下哪一個項目是錯誤的？

(A) 主力產品是咖啡
(B) 所有國家地區皆建立中央工廠
(C) 日式西點麵包
(D) 台灣市場以合資店為主力

（　）13. 有關 85 度 C 在不同區的門店選擇策略，以下哪一個項目是錯誤的？

(A) 台灣：三角窗
(B) 中國：地鐵站
(C) 美國：購物中心
(D) 日本：百貨公司

（　）14. 有關麥當勞在全球行銷策略的敘述，以下哪一個項目是錯誤的？

(A) 美國：廣告主打「價格戰」
(B) 台灣：主打「家庭溫暖」
(C) 中國：主打「進口品牌」
(D) 在中國漢堡的價格最便宜

（　）15. 有關咖啡及連鎖經營產業的敘述，以下哪一個項目是錯誤的？

(A) 85 度 C 首創面門外走廊的營業模式
(B) 喝咖啡是時下的辦公室文化之一
(C) 西雅圖極品是台灣本土品牌咖啡
(D) 在地化是海外經營的重要課題

（　）16. 以下哪一個國家或地區，房地產炒作的情況最為嚴重？

(A) 亞洲
(B) 美國
(C) 歐洲
(D) 非洲

（　）17. 房產仲介業的加盟條件中，以下哪一個項目相對於其他產業是偏高的？

　　　(A) 加盟權利金　　　　　　　　(B) 月費

　　　(C) 顧問費　　　　　　　　　　(D) 保證金

（　）18. 有關於房仲業經營概況的敘述，以下哪一個項目是錯誤的？

　　　(A) 門店家數最多的是永慶房屋

　　　(B) 總營業額最高的是信義房屋

　　　(C) 加盟店的平均營業額高於直營店

　　　(D) Location 是影響單店營業額的關鍵因素

（　）19. 有關代書過戶流程的步驟，以下哪一個項目的排列順序是正確的？

　　　(A) 簽約→完稅→用印→過戶

　　　(B) 簽約→用印→完稅→過戶

　　　(C) 簽約→用印→過戶→完稅

　　　(D) 簽約→過戶→用印→完稅

（　）20. 在房地產買賣過程中，以下哪一個項目是屬於第三方認證的交易安全機制？

　　　(A) 履約保證　　　　　　　　　(B) 法院公證

　　　(C) 買賣合約　　　　　　　　　(D) 連帶保證人

（　）21. 有關於連鎖藥局的敘述，以下哪一個項目是錯誤的？

　　　(A) 在台灣藥局的覆蓋率非常高

　　　(B) 傳統藥局的主要業務是販賣成藥

　　　(C) 目前連鎖藥局的比率超過 50%

　　　(D) 每一家藥局都必有藥劑師

（　）22. 以下哪一個項目，是沿襲傳統藥局業務的通路？

　　　(A) 藥品、保健品　　　　　　　(B) 保養品、彩妝

　　　(C) 醫療用品　　　　　　　　　(D) 婦嬰用品

（　）23. 以下哪一個醫藥產業通路，主要客戶是「有錢、有閒」族群？

　　　(A) 醫藥、保養品　　　　　　　(B) 保養品、美妝

　　　(C) 醫療用品　　　　　　　　　(D) 婦嬰用品

( ) 24. 本書中對於藥品、保健品的敘述，以下哪一個項目是錯誤的？

(A) 是藥三分毒

(B) 藥品最適合進行降價促銷

(C) 保健品功效多屬心靈雞湯

(D) 藥劑師是用藥的最後把關者

( ) 25. 有關於夾娃娃機的經營模式，以下哪一個項目是錯誤的？

(A) 採行「場主／台主」共同經營的模式

(B) 娃娃機內的內容物由台主負責

(C) 場地管理、租賃由場主負責

(D) 越熱門的商圈越多夾娃娃機店

( ) 26. 對於夾娃娃機店的敘述，以下哪一個項目是錯誤的？

(A) 娃娃機只能是單純的機械操作

(B) 夾娃娃機可以進行遠端操作

(C) 夾娃娃機可以進行虛擬實境操作

(D) 夾到的娃娃可以飼養在虛擬實境中

( ) 27. 以下哪一個項目，是夾娃娃機店能快速崛起的原因？

(A) 景氣暢旺　　　　　　　　(B) 店面閒置率高

(C) 市場就業率高　　　　　　(D) 是高科技遊戲

( ) 28. 以下哪一個類型的旅館，受 Covid-19 應情影響最為嚴重？

(A) 國際型大飯店　　　　　　(B) 離島飯店

(C) 國內飯店　　　　　　　　(D) 國內民宿

( ) 29. 以下哪一個項目，是網路訂房平台？

(A) PCHOME　　　　　　　　(B) Tribago

(C) HOLLO Kitty　　　　　　(D) JP Morgan

( ) 30. 以下哪一個項目，不是物聯網崛起所提供的新型商業模式「平台」？

(A) Uber Eats　　　　　　　(B) Amazon

(C) Walmart　　　　　　　　(D) Tribago

( ) 31. 以下哪一個項目，不是小眾市場的整合？

(A) 聯合診所　　　　　　　　(B) 聯合事務所

(C) 小農市集　　　　　　　　(D) 國際商展

習題解答

Chapter 1　連鎖加盟概說

1.	D	2.	A	3.	C	4.	B	5.	A	6.	B
7.	C	8.	A	9.	C	10.	D	11.	A	12.	D
13.	A	14.	A	15.	B	16.	C	17.	D	18.	D
19.	A	20.	D	21.	B								

Chapter 2　CIS：企業識別

1.	D	2.	B	3.	C	4.	B	5.	C	6.	D
7.	A	8.	D	9.	A	10.	B	11.	D	12.	B
13.	A	14.	D	15.	D	16.	D	17.	D	18.	B
19.	A	20.	B	21.	B	22.	C	23.	D	24.	D
25.	D	26.	B	27.	D	28.	A	29.	B	30.	C
31.	C	32.	B	33.	A								

Chapter 3　企業總部

1.	D	2.	B	3.	A	4.	A	5.	D	6.	B
7.	C	8.	C	9.	B	10.	D	11.	A	12.	B
13.	D	14.	C	15.	A	16.	B	17.	D	18.	A
19.	C	20.	A	21.	B	22.	D	23.	D	24.	C
25.	B											

Chapter 4　加盟端

1.	A	2.	B	3.	D	4.	D	5.	D	6.	B
7.	A	8.	C	9.	D	10.	C	11.	C	12.	B
13.	D	14.	D	15.	C	16.	C	17.	B				

Chapter 5　店長

1.	C	2.	A	3.	D	4.	D	5.	B	6.	C
7.	C	8.	A	9.	D	10.	B	11.	C	12.	C
13.	B	14.	C	15.	B	16.	C	17.	B	18.	C
19.	D	20.	D	21.	D	22.	B				

Chapter 6　展店選址

1.	D	2.	A	3.	C	4.	B	5.	D	6.	A
7.	D	8.	A	9.	B	10.	C	11.	D	12.	D
13.	B	14.	D	15.	D						

Chapter 7　通路為王

1.	D	2.	D	3.	C	4.	B	5.	D	6.	C

Chapter 8　個案分析

1.	A	2.	B	3.	D	4.	A	5.	C	6.	C
7.	A	8.	D	9.	A	10.	B	11.	D	12.	A
13.	D	14.	D	15.	C	16.	A	17.	D	18.	C
19.	B	20.	A	21.	C	22.	A	23.	B	24.	B
25.	D	26.	A	27.	B	28.	A	29.	B	30.	C
31.	D									

連鎖經營管理範例書

作　　者：林文恭
企劃編輯：郭季柔
文字編輯：江雅鈴
設計裝幀：張寶莉
發 行 人：廖文良

發 行 所：碁峰資訊股份有限公司
地　　址：台北市南港區三重路 66 號 7 樓之 6
電　　話：(02)2788-2408
傳　　真：(02)8192-4433
網　　站：www.gotop.com.tw
書　　號：AER058600
版　　次：2022 年 09 月初版
建議售價：NT$390

國家圖書館出版品預行編目資料

連鎖經營管理範例書 / 林文恭著. -- 初版. -- 臺北市：碁峰資訊，
　2022.09
　　面；　公分
　　ISBN 978-626-324-272-2(平裝)
　　1.CST：連鎖商店　2.CST：加盟企業　3.CST：企業經營
498.93　　　　　　　　　　　　　　　　　　111012200

讀者服務

● 感謝您購買碁峰圖書，如果您對
本書的內容或表達上有不清楚的
地方或其他建議，請至碁峰網站：
「聯絡我們」\「圖書問題」留下
您所購買之書籍及問題。(請註明
購買書籍之書號及書名，以及問
題頁數，以便能儘快為您處理)
http://www.gotop.com.tw

● 售後服務僅限書籍本身內容，若
是軟、硬體問題，請您直接與軟、
硬體廠商聯絡。

● 若於購買書籍後發現有破損、缺
頁、裝訂錯誤之問題，請直接將書
寄回更換，並註明您的姓名、連絡
電話及地址，將有專人與您連絡
補寄商品。